HISTOIRE DES PLANTES

MONOGRAPHIE

DES

ACANTHACÉES

2096. — Imprimeries réunies, **A**, rue Mignon, 2, Paris.

HISTOIRE DES PLANTES

MONOGRAPHIE

DES

ACANTHACÉES

PAR

H. BAILLON

PROFESSEUR D'HISTOIRE NATURELLE MÉDICALE A LA FACULTÉ DE MÉDECINE DE PARIS
DIRECTEUR DU JARDIN BOTANIQUE DE LA FACULTÉ, PRÉSIDENT DE LA SOCIÉTÉ LINNÉENNE DE PARIS

ILLUSTRÉE DE 34 FIGURES DANS LES TEXTES

DESSINS DE FAGUET

PARIS

LIBRAIRIE HACHETTE & Cie

BOULEVARD SAINT-GERMAIN, 79

LONDRES, 18, KING WILLIAM STREET, STRAND

1891

XCVI
ACANTHACÉES

I. SÉRIE DES THUNBERGIA.

Dans les *Thunbergia*[1] le plus communément cultivés dans nos jardins, comme le *T. alata* (fig. 302-307), les fleurs sont herma-

Thunbergia alata.

Fig. 302. Rameau florifère.

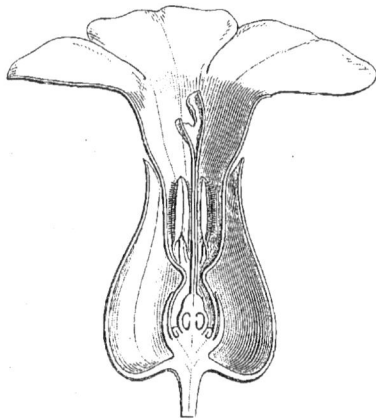

Fig. 303. Fleur, coupe longitudinale.

phrodites et peu irrégulières. Leur réceptacle convexe porte un petit calice annulaire, tronqué, sinué ou profondément découpé en un

---

1. Retz., *Phys. S. Handl.*, 163 (1776). — Thunb., *N. gen.*, I, 21 (1781). — L. F., *Suppl.*, 45 (1781). — J., *Gen.*, 103. — Gærtn. F., *Fruct.*, III, t. 183. — Nees, in *DC. Prodr.*, XI, 54. — Endl., *Gen.*, n. 4027. — H. Bn, in *Payer Fam. nat.*, 215. — T. Anders., in *Journ. Linn. Soc.*, VII, 18; IX, 447. — B. H., *Gen.*, II, 1072, n. 2. — Hart., *Morphol. not.*, in *Journ. Linn. Soc.*, XVII, 1. — *Hexacentris* Nees, in *DC. Prodr.*, XI, 60. — Endl., *Gen.*, 697. — *Meyenia* Nees, loc. cit. — *Schmidia* Wight, *Icon.*, t. 1848. — *Flemingia* Hamilt., ex Nees.

nombre variable de languettes; et une corolle presque régulière, gamopétale, à tube cylindrique, ou un peu rétréci vers sa base, ou un peu gibbeux en arrière, à limbe étalé, à peine oblique, à cinq lobes tordus dans le bouton[1]. Les étamines sont au nombre de quatre, légèrement didynames[2], formées d'un filet inséré sur le tube de la corolle, continu avec le connectif, et d'une anthère introrse, à deux loges déhiscentes par une fente longitudinale[3] et pourvues ou non de poils capités et d'une pointe ou d'un éperon basilaire. L'ovaire est libre, entouré à sa base d'un épais disque hypogyne, et à deux

Thunbergia alata.

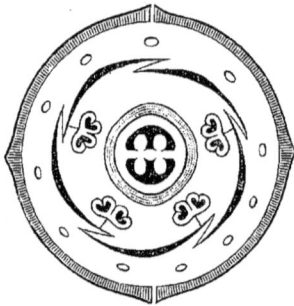

Fig. 304. Diagramme floral.   Fig. 306. Graine.   Fig. 307. Graine, coupe longitudinale.   Fig. 305. Fruit déhiscent.

loges, antérieure et postérieure, surmonté d'un style dont l'extrémité stigmatifère est creuse et dilatée, subbilabiée, partagée en deux lobes pétaloïdes dissemblables : l'un dressé et l'autre étalé ou réfléchi. Dans l'angle interne de chaque loge s'insèrent deux ovules, fixés au placenta par leur bord interne, incomplètement anatropes, collatéraux et à micropyle finalement inférieur[4]. Le fruit est une capsule courte, coriace, surmontée abruptement d'un bec d'origine stylaire, et loculicide. Les graines, souvent au nombre de deux dans chaque loge, sont plus ou moins hémisphériques, convexes sur le dos, concaves ou presque planes à la face ventrale dont le hile occupe le centre, rattaché au placenta par un court funicule souvent conique ou papil-

---

1. Le bord droit recouvert.
2. Les plus grandes antérieures.
3. Le pollen est sphérique. Sa membrane externe est granuleuse, avec des sillons qui s'enroulent autour du grain en suivant des courbes irrégulières (H. MOHL.).

4. Cet ovule, comme dans tant d'autres genres de la famille, est fort incomplètement anatrope. Son micropyle, d'abord supérieur, se tourne finalement en dehors et un peu en bas. Il n'est pourvu que d'un rudiment de tégument. (H. BN, in *Bull. Soc. Linn. Par.*, n. 110.)

liforme. Les téguments, lisses ou verruqueux en dehors, recouvrent un albumen peu épais ou réduit à une membrane et entourant un embryon charnu dont les cotylédons sont inférieurs, plus ou moins infléchis ou pliés sur les bords, et dont la radicule est courte, souvent incurvée.

On connaît une quarantaine de *Thunbergia*[1]. Ce sont des herbes, courtes, dressées, ou plus souvent très allongées et volubiles, suffrutescentes parfois à la base. Leurs feuilles sont opposées, ovales, lancéolées, hastées ou cordées, sans stipules. Leurs fleurs sont axillaires, solitaires ou disposées en grappes terminales. Elles sont accompagnées de deux bractéoles latérales souvent très développées et qui, se rejoignant par leurs bords, enveloppent tout le bouton. Ce sont des plantes de l'Asie et de l'Afrique tropicales.

A côté de ce genre se placent les *Pseudocalyx, Monachochlamys* et *Mendoncia;* les deux premiers de Madagascar; le dernier de l'Amérique tropicale, tous très voisins des *Thunbergia*.

II. SÉRIE DES NELSONIA.

Les fleurs des *Nelsonia*[2] (fig. 308-312) ont cinq sépales dont les deux antérieurs sont unis dans une étendue très variable. La corolle gamopétale a un tube grêle qui s'incurve en haut et se dilate en un limbe à deux lèvres: la postérieure enveloppante, bilobée; l'extérieure trilobée, plus développée. Le tube de la corolle porte deux étamines antérieures, formées chacune d'un filet grêle et d'une anthère introrse, à deux loges bien distinctes, parfois mucronées à leur base, déhiscentes par une fente longitudinale. L'ovaire allongé a deux loges, parfois incomplètes, contenant chacune deux rangées verticales d'ovules incomplètement anatropes, et est surmonté d'un style à tête stigmatifère obtusément bilobée. Le fruit est capsulaire,

1. Roxb., *Pl. corom.*, t. 67. — Wall., *Tent. Fl. nepal.*, t. 49; *Pl. as. rar.*, t. 164. — Wight, *Icon.*, t. 871, 872. — Hook., *Exot. Fl.*, t. 166, 177. — Thw., *Enum. pl. Zeyl.*, 223. — S. le M. Moore, in *Trim Journ.* (1880), 194.—Benth., *Fl. austral.*, IV, 542. — Miq., *Fl. ind. bat.*, II, 767. — C.-B. Clke, in *Hook. f. Fl. brit. Ind.*, IV, 390. — Rdlkf., in *Abh. Nat. Ver. Brem.*, VIII, 431. — Vtke, in *Abh. Nat. Ver. Brem.*, IX, 131. — Bak., in *Journ. Linn. Soc.*, XX, 217; XXI, 428; XXII, 508. — Andr., *Bot. Rep.*, t. 123. — Oliv., in *Trans. Linn. Soc.*, XXIX, t. 123. — Harv., *Thes. cap.*, t. 38. — *Bot. Mag.*, t. 1881, 2366, 2591, 3512, 4119, 4786, 4985, 4992, 5013, 5082, 5124; 5389 (*Meyenia*), 6677, 6975. — Walp., *Ann.*, III, 209.

2. R. Br., *Prodr.*, 480. — Endl., *Gen.*, n. 4032; *Iconogr.*, t. 79. — Nees, in *DC. Prodr.*, XI, 65. — B. H., *Gen.*, II, 1073.

surmonté d'un rostre conique ; et loculicide. Les graines nombreuses, presque globuleuses, rugueuses, sont fixées au placenta par un hile ventral, à peu près central, et elles renferment un mince albumen charnu, enveloppant un embryon presque rectiligne, parallèle au plan de l'ombilic. On n'admet dans ce genre qu'une espèce [1], très variable, originaire des régions chaudes de l'ancien monde, et qui s'observe aussi dans l'Amérique tropicale. C'est une herbe diffuse, chargée d'un duvet mou et blanchâtre. Les feuilles sont opposées. Les fleurs sont disposées en épis plus ou moins allongés, terminaux, villeux : chacune d'elles occupant l'aisselle d'une bractée velue et glanduleuse.

Nelsonia canescens.

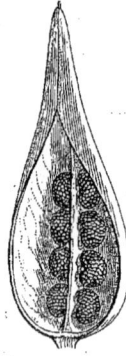

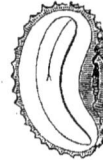
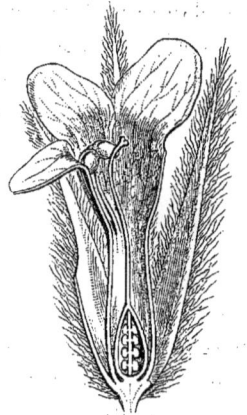

Fig. 311.
Graine.

Fig. 308. Fleur ($\frac{10}{1}$).   Fig. 310. Carpelle   Fig. 312. Graine,   Fig. 309. Fleur, coupe
                     déhiscent,   coupe   longitudinale.
                    face ventrale.   longitudinale.

A côté de ce genre se placent les *Elytraria*, des deux mondes, et les *Ophiorrhiziphyllum*, asiatiques, qui ont aussi des fleurs diandres ; les *Hiernia*, d'Angola, et les *Ebermaiera*, asiatiques et brésiliens, dont l'androcée est tétradyname, avec des placentas souvent pariétaux.

1. *N. canescens* NEES, in *DC. Prodr.*, XI, 67. — *N. ramiifolia* SPRENG. — *N. origanoides* R. et SCH. — *N. campestris* R. BR. — *N. tomentosa* NEES. — *N. Smithii* ŒRST. — *N. villosa* ŒRST. — *N. senegalensis* ŒRST. — *Justicia canescens* LAMK, *Ill.*, I, 40. — *J. brunelloides* LAMK. — *J. hirsuta* VAHL, *Enum.*, I, 122. — *J. tomentosa* WALL.

III. SÉRIE DES RUELLIA.

Les fleurs des *Ruellia*[1] (fig. 313-315) sont plus ou moins irrégulières, avec cinq sépales, généralement étroits, libres ou unis inférieurement. La corolle a un tube rectiligne ou plus ou moins arqué, plus ou moins brusquement dilaté en haut, avec un limbe à cinq lobes tordus, le bord gauche recouvrant ; égaux ou plus ou moins inégaux ; les postérieurs parfois unis plus haut que les autres. Les étamines sont presque égales ou didynames, portées par la corolle, à filets

Ruellia strepens.

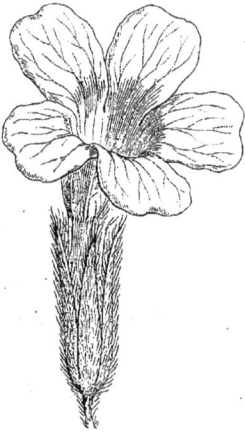  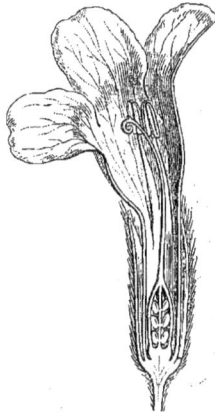

Fig. 313. Fleur.　　　Fig. 314. Style.　　　Fig. 315. Fleur, coupe longitudinale.

dilatés inférieurement et s'unissant là deux à deux dans une étendue variable. Il y a parfois des traces d'un staminode postérieur. Les anthères sont elliptiques, ovales, oblongues ou sagittées, introrses,

---

1. L., *Gen.*, n. 784. — J., *Gen.*, 103. — ENDL., *Gen.*, n. 4047. — NEES, in *DC. Prodr.*, XI, 144 (part.). — T. ANDERS., in *Journ. Linn. Soc.*, VII, 24; IX, 460. — H. BN, in *Payer. Fam. nat.*, 216. — B. H., *Gen.*, II, 1077, n. 14. — *Neovedia* SCHRAD., in *Pr. Max. Wied. Reis.*, II, 343.—*Ophthalmacanthus* NEES, in *DC. Prodr.*, XI, 219. — *Cryphiacanthus* NEES, in *Linnæa*, XVI, 298 ; in *DC. Prodr.*, XI, 197. — *Aphragmia* NEES, in *Lindl. Nat. Syst.*, ed. 2, 444. — *Copioglossa* MIERS, in *Proc. Roy. Hort. Soc. Lond.*, III, 294. — ? *Eurychanes* NEES, in *Mart. Fl. bras.*, IX, 52, t. 3 ; in *DC. Prodr.*, XI, 208. — *Arrhostoxylum* MART. — NEES, in *Mart. Fl. bras.*, IX, 57, t. 6. — *Scorodoxylum* NEES, in *Benth. Pl. Hartweg.*, 236. — *Stemonacanthus* NEES, in *Mart. Fl. bras.*, IX, 53, t. 4; in *DC. Prodr.*, XI, 205. — *Larysacanthus* ŒRST., in *Vid. Medd. Nat. For. Kjob.* (1854) 126 — *Solenacanthus* ŒRST., loc. cit., 122. — *Hollzendorffia* KL. et KARST. — NEES, in *DC. Prodr.*, XI, 727.

à loges parallèles, déhiscentes suivant leur longueur. L'ovaire a deux loges, complètes ou incomplètes, et s'épaissit souvent à sa base en une sorte de disque. Il est surmonté d'un style arqué en crosse, à convexité postérieure. De ce côté se trouve un des lobes stylaires, petit ou presque nul, tandis que le lobe antérieur est beaucoup plus allongé, arqué ou spiralé. Il y a dans chaque loge ovarienne de trois à une dizaine d'ovules, anatropes et ascendants. Le fruit est capsulaire, bivalve, 6- ∞-sperme. Les graines sont ascendantes, accompagnées à leur base d'un rétinacle arqué et aigu ou nul; comprimées et souvent recouvertes de papilles ou de poils divers. Elles renferment un embryon droit, à courte radicule infère, à cotylédons épais et charnus. Leur base est ordinairement accompagnée d'un rétinacle aigu et arqué.

Il y a des *Ruellia* dont la corolle a un tube court, et d'autres dans lesquels ce tube devient très long et très étroit. Dans ceux de la section *Dischistocalyx*[1], les divisions du calice sont unies dans une hauteur inégale, les trois postérieures bien plus longuement que les autres. Ces divisions peuvent n'être qu'au nombre de quatre ou même de deux.

Les *Fabria*[2], de l'Afrique australe, sont aussi des *Ruellia* à calice plus ou moins nettement bilabié.

Les *Stephanophysum*[3] américains sont des *Ruellia* dont la corolle se dilate brusquement à partir de la gorge et dont les lobes sont courts.

Les *Siphonacanthus*[4] ont, avec des lobes plus longs, un tube de la corolle plus étroit, droit ou arqué.

Dans les *Dipteracanthus*[5], le fruit est contracté à sa base et ne renferme point de graines à ce niveau. Sa portion séminifère est courte et presque sphérique dans les *Gymnacanthus*[6], espèces herbacées américaines.

Dans le *R. Delavayana*, type d'une section *Schizothecium*[7], on observe, avec un port tout spécial, des anthères à loges courtes, divergentes et finalement déchirées d'une façon irrégulière.

---

1. T. Anders. — B. H., *Gen.*, II, 1088, n. 18 (*Distichocalyx*). — S. Le M. Moore., in *Trim. Journ. Bot.* (1880), 198.

2. E. Mey., in *Cat. pl. Drèg.* (1837). — Nees, n *DC. Prodr.*, XI, 113.

3. Pohl, *Pl. bras. Icon.*, II, 83, t. 155, 156. — Nees, in *DC. Prodr.*, XI, 201; in *Mart. Fl. bras.*, IX, 49.

4. Nees, in *Mart. Fl. bras.*, IX, 45, t. 1; in *DC. Prodr.*, XI, 199.

5. Nees, in *Wall. Pl. as. rar.*, III, 75; in *DC. Prodr.*, XI, 115. — *Dizygandra* Meissn., *Gen.*, 294; *Comm.*, 203.

6. OErst., in *Vid. Medd. Nat. For. Kjob.* (1854), 126.

7. H. Bn, in *Bull. Soc. Linn. Par.*, 852.

Les *Paulo-Wilhelmia*[1] sont des *Ruellia* africains, à sépales linéaires, dilatés à leur sommet en une lame obtuse, herbacée.

Le *Spirostigma*[2] est un *Ruellia* américain dont le sommet du style a un lobe antérieur en forme de lame aplatie, obtuse et révolutée ou récurvée.

Le *Ploutoruellia*[3] est une autre section du genre *Ruellia*, dans laquelle le nombre des ovules s'élève dans chaque loge jusqu'à une quinzaine et plus. Les fleurs y sont disposées en cymes lâches.

Le *Microruellia*[4] en représente une autre encore, américaine comme la précédente, dans laquelle les feuilles sont basilaires, rapprochées en rosette, et les fleurs solitaires ou à peu près et pédonculées.

Ainsi compris, ce genre renferme de 180 à 200 espèces[5], de toutes les régions chaudes du globe. Ce sont des herbes ou des arbustes, à port extrêmement varié, glabres ou plus souvent recouverts de duvet. Leurs feuilles sont basilaires ou opposées, entières, parfois serrées ou dentées. Leurs fleurs[6], tantôt solitaires et tantôt nombreuses, axillaires ou terminales, sont disposées de toutes les façons possibles, étroites ou larges, foliacées ou rigides, etc.

Tout à côté des *Ruellia*, nous plaçons dans une sous-série des *Euruelliées*, les genres *Tacoanthus*, *Echinacanthus*, *Mimulopsis*, *Ruelliola*, *Forsythiopsis*.

Dans la sous-série des *Trichanthérées*, la corolle est la même que celle des Euruelliées ; les divisions du calice sont coriaces ou subherbacées, obtuses. Les étamines ont des filets subéquidistants ou unis latéralement deux à deux par une courte membrane. Les fleurs sont rarement en épis ou en cymes axillaires ; le plus souvent elles sont disposées en grappes terminales composées, à divisions trichotomes, parfois contractées et capituliformes. Les genres, tous américains, de

1. HOCHST., in *Flora* (1844), *Beibl.*, 4 (non *Flora* (1844), 17). — S. LE M. MOORE, in *Trim. Journ.* (1880), 198.

2. NEES, in *Mart. Fl. bras.*, 83 ; in *DC. Prodr.*, XI, 308. — B. H., *Gen.*, II, 1077, n. 13.

3. H. BN, in *Bull. Soc. Linn. Par.*, 853.

4. H. BN, in *Bull. Soc. Linn. Par.*, 853.

5. JACQ., *Ic. rar.*, t. 119. — AUBL., *Pl. Guian.*, t. 270, 271. — VAHL, *Symb.*, t. 39. — CAV., *Ic.*, t. 255, 416, 417, 586, fig. 1. — MIQ., *Fl. ind. bat.*, II, 785 (part.). — WIGHT, *Ic.*, t. 1505 (*Dipteracanthus*). — ENDL., *Iconogr.*, t. 104. — MORIC., *Pl. nouv. Amér.*, t. 91, 95 (*Dipteracanthus*). — BEDD., *Ic. pl. Ind. or.*, t. 282. — WAWR., *Bot. Pr. Max. Reis.*, t. 12 (*Dipteracanthus*). — THW., *Enum. pl. Zeyl.*,

225. — C.-B. CLKE, in *Hook. f. Fl. brit. Ind.*, IV, 411. — BENTH., *Fl. austral.*, IV, 545. — BALF. F., *Bot. Soc.*, 209, t. 64, 65. — BAK., in *Journ. Linn. Soc.*, XXI, 428. — ENGL., in *Bot. Jahrb.*, X, 66. — BOISS., *Fl. or.*, IV, 519. — HEMSL., *Bot. centr.-amer.*, II, 503, t. 66. — NEES, in *Mart. Fl. bras.*, IX, 55, t. 5. — A. GRAY, *Syn. Fl. N.-Amer.*, II, I, 326. — ANDR., *Bot. Rep.*, t. 527, 610. — OLIV., in *Hook. Icon.*, t. 1511. — *Bot. Reg.*, t. 585; (1846) t. 7, 13, 45. — *Bot. Mag.*, t. 1400, 3718, 4147, 4298, 4366, 4448, 4494, 5106, 5111, 5156, 5414, 5696, 6382, 6498. — WALP., *Ann.*, I, 540; VI, 649.

6. Blanches, jaunes, orangées, plus souvent rouges ou lilacées, parfois grandes et belles.

cette sous-série, sont les *Trichanthera, Bravaisia, Sanchezia, Macrostegia, Sclerocalyx.*

Les *Hygrophila* donnent leur nom à une sous-série (*Hygrophilées*) dans laquelle le limbe tordu de la corolle est partagé en deux lèvres, l'une bilobée et l'autre trilobée. Les filets staminaux sont unis deux à deux par une lame décurrente. Le fruit est polysperme, avec des graines jusque près de sa base. Avec les *Hygrophila* se rangent ici les *Nomaphila, Cardanthera* et *Mellera.*

Dans les *Petalidium* et les autres genres groupés autour d'eux dans une sous-série distincte (*Pétalidiées*), la corolle et l'androcée sont ceux des Euruelliées, et les loges ovariennes sont presque constamment biovulées. Le fruit, comprimé parallèlement à la cloison, s'ouvre d'ordinaire élastiquement de bas en haut, et les valves se séparent des placentas. Les fleurs sont sessiles dans l'aisselle des bractées et disposées en épis denses; ou bien elles sont encloses entre deux larges bractées valvaires. Les genres de cette sous-série sont les *Petalidium, Pseudobarleria, Phaylopsis, Theileamea, Zygoruellia, Penstemonacanthus, Lankesteria, Blechum, Dædalacanthus.*

La sous-série des *Strobilanthées* comprend les genres *Strobilanthes, Æchmanthera, Hemigraphis, Endosiphon, Satanocrater, Physacanthus, Sautiera, Calacanthus, Whitfieldia, Stylarthropus.* Les divisions du calice y sont aiguës. La corolle est bilabiée ou presque régulière. Des quatre étamines didynames, les deux postérieures sont parfois stériles. Leurs filets sont indépendants ou adnés à une membrane postérieure. Les fleurs sont souvent axillaires, disposées d'ailleurs d'une façon très variable.

IV. SÉRIE DES BRILLANTAISIA.

Dans les *Brillantaisia*[1] (fig. 316, 317), herbes élevées de l'Afrique tropicale et de Madagascar, les fleurs sont irrégulières, non pas tant par leur calice formé de cinq pétales subulés, inégalement larges, que par leur corolle, à tube court, et profondément bilabiée. Les deux lèvres sont la supérieure à deux lobes courts, et l'inférieure à trois.

---

1. PAL.-BEAUV., *Fl. owar. et ben.*, II, 67, t. 100. — ENDL., *Gen.*, 708. — T. ANDERS., in *Journ. Linn. Soc.*, VII, 21. — B. H., *Gen.*, II, 1076, n. 10. — *Belantheria* NEES, in *DC. Prodr.*, XI, 96. — *Leucoraphis* NEES, loc. cit., 97.

Ils sont valvaires ou indupliqués, ou légèrement imbriqués. L'androcée est formé de quatre étamines insérées à la gorge de la corolle. Deux d'entre elles sont postérieures et bien développées, arquées sous le casque que représente la lèvre supérieure ; elles ont de longs filets et des anthères à deux loges allongées, introrses, libres au-dessous du point d'attache du filet. Les deux antérieures sont réduites à de courts staminodes, souvent pourvus d'une anthère rudimentaire. L'ovaire est à deux loges allongées, surmonté d'un style récurvé au sommet, avec

Brillantaisia owariensis.

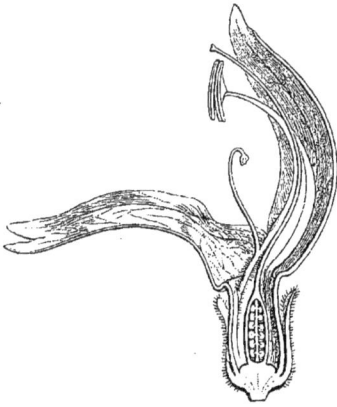

Fig. 316. Fleur, coupe longitudinale.

Fig. 317. Fruit déhiscent.

une courte dent qui représente la branche stylaire postérieure. Dans chaque loge ovarienne s'insèrent de nombreux ovules superposés, ascendants et anatropes. Le fruit est une capsule linéaire, dont les deux valves sont parcourues d'un sillon longitudinal médian et se détachent à partir de la base pour laisser échapper des graines en nombre indéfini, ascendantes, comprimées, supportées par un court rétinacle. Il y a sept ou huit *Brillantaisia*[1], à Madagascar et dans l'Afrique tropicale. Leurs feuilles sont opposées, grandes, pétiolées. Leurs fleurs[2] sont disposées en grappes terminales ramifiées dont les divisions portent des cymes ou glomérules, souvent unipares aux extrémités, avec des bractées étroites qui peuvent devenir foliacées à la base des divisions primaires de l'inflorescence.

1. OLIV., in *Trans. Linn. Soc.*, XXIX, t. 124, 125. — VTKE, in *Abh. nat. Ver. Brem.*, IX, 131. — *Bot. Mag.*, t. 4717.

2. Violacées ou pourprées, souvent belles, tout à fait analogues par leur apparence extérieure à celles de certaines Labiées (*Salvia*, etc.).

V. SÉRIE DES ACANTHES.

Les fleurs hermaphrodites et irrégulières des Acanthes[1] (fig. 318-324)
varient quelque peu de structure d'une espèce à l'autre. Leur réceptacle

Acanthus mollis.

Fig. 323. Graine.

Fig. 319. Fleur.

Fig. 318. Inflorescence.

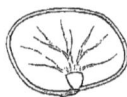

Fig. 324. Graine, coupe
longitudinale.

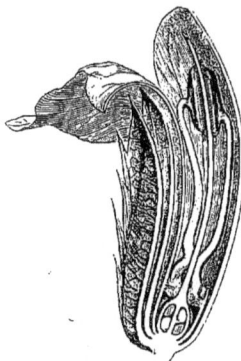

Fig. 320. Fleur, coupe
longitudinale.

convexe porte, dans la plupart de celles qu'on cultive dans nos jardins,
un calice irrégulier qui paraît d'abord bilabié. De ses deux grandes

---

1. *Acanthus* T., *Inst.*, 176, t. 80, 81. —
L., *Gen.*, n. 793. — J., *Gen.*, 103. — TURP.,
in *Dict. sc. nat.*, Atl., t. 36. — NEES, in *DC.
Prodr.*, XI, 270. — ENDL., *Gen.*, n. 4071. —
NEES, *Gen. Fl. germ.* — PAYER, *Organog.*, 586,
t. 121. — H. BN, in *Payer Fam. nat.*, 215. —
T. ANDERS., in *Journ. Linn. Soc.*, VII, 36; IX,
500. — B. H., *Gen.*, II, 1090, n. 44. — *Dili-
varia* J., *Gen.*, 100. — NEES, in *DC. Prodr.*, XI,
268. — ENDL., *Gen.*, n. 4069. — *Cheilopsis*
MOQ., in *Ann. sc. nat.*, sér. 1, XXVII, 230. —
NEES, *loc. cit.*, 272.

folioles les plus visibles, l'une est postérieure et imparinervée; elle représente le sépale postérieur et recouvre au début l'antérieure. Celle-ci est parinervée et plus ou moins profondément divisée à son sommet; ce qui indique qu'elle représente deux sépales antérieurs. Les deux autres sépales, beaucoup plus petits et recouverts par les précédents, sont latéraux, en partie membraneux. La corolle[1] est bilabiée; mais sa lèvre postérieure est peu développée ou tout à fait nulle ; si bien que la longue et large fente verticale que porte le limbe en arrière est brusquement limitée par un rebord horizontal qui est celui du tube large et court de la corolle. Quant à la lèvre antérieure, très développée et déjetée en avant, elle est formée de trois lobes primitivement imbriqués et se recouvrant même en arrière. Les éta-

Acanthus mollis.

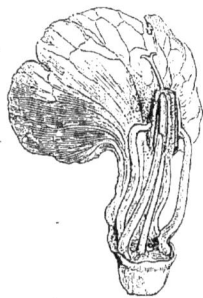

Fig. 321. Corolle et androcée.

Fig. 322. Fruit déhiscent.

mines, insérées sur la corolle, sont légèrement didynames, formées d'un filet plus ou moins arqué ou sinueux, et d'une anthère dorsifixe, introrse, uniloculaire et déhiscente par une fente longitudinale. Dans le bouton, ces quatre anthères sont rapprochées les unes des autres contre le style. Celui-ci surmonte un ovaire supère et biloculaire, et il se termine par une extrémité stigmatifère à deux petits lobes latéraux, concaves et divergents. Dans chaque loge ovarienne se trouve un placenta axile qui supporte deux ovules anatropes, ascendants, comprimés, déformés, à micropyle[2] rejeté en bas et latéralement et protégé par une saillie placentaire arquée et aiguë, le rétinacle. Le

---

1. Blanche, lilas pâle ou bleue.
2. L'ovule n'est pas, comme on l'avait dit, réduit au nucelle; mais il a un petit bourrelet micrópylaire qui représente cependant un tégument fort réduit (H. Bn, in *C. rend. Ass. fr. av. sc.* (1876), 531).

fruit est une capsule oblongue ou ovoïde, lisse, non atténuée à sa
base, comprimée parallèlement à la cloison et cependant épaisse et
souvent obtusément tétragone. Les graines[1], au nombre de quatre, ou
moins, sont lisses ou papilleuses, un peu aplaties, et renferment un
épais embryon charnu, à radicule infère. On distingue environ treize
espèces[2] de ce genre. Ce sont des herbes, parfois frutescentes à la
base, piquantes presque toujours comme des chardons. Leurs feuilles
sont basilaires ou opposées, parfois grandes, sinuées-dentées, pinna-
tifides, rarement entières; à lobes plus souvent divisés et spinescents.
Les fleurs forment des épis serrés ou lâches, solitaires et sessiles dans
l'aisselle de bractées alternes ou opposées. Les bractées entières, parfois réduites à un rudiment, plus ordinairement développées, sont
souvent alors dentées et épineuses. Deux bractéoles latérales, entières
ou spinescentes, accompagnent chaque fleur. Le genre appartient aux
régions chaudes et tempérées de l'ancien monde.

A côté des Acanthes se placent les genres très voisins *Acanthopsis*,
Blepharis, *Trichacanthus* et (?) *Sclerochiton*, qui appartiennent aux
régions tropicales de l'ancien monde, principalement à l'Afrique.

VI. SÉRIE DES JUSTICIA.

Les Carmantines[3] (fig. 325-328) ont des fleurs irrégulières et hermaphrodites. Leur calice est formé de cinq sépales, libres ou unis à la
base, et le postérieur est quelquefois très réduit ou nul. La corolle
irrégulière a un tube droit ou arqué, peu différent comme longueur du

1. MIRB., in *Ann. Mus.*, XV, t. 13, VII.
2. REICHB., *Ic. Fl. germ.*, t. 1811-1815. —
SIBTH., *Fl. græc.*, t. 610, 611. — GRIFF., *Ic.
pl. ind. or.*, t. 427. — VAHL, *Symb.*, t. 40. —
WIGHT, *Ic.*, t. 450 (*Dilivaria*). — WALL., *Pl. as.
rar.*, t. 172. — TCHIHATCH., *As. min.*, t. 20. —
C.-B. CLKE, in *Hook. f. Fl. brit. Ind.*, IV, 480.
— BENTH., *Fl. austral.*, IV, 548. — THW.,
Enum. pl. Zeyl., 232. — MIQ., *Fl. ind. bat.*,
II, 820 (*Delivaria*). — BOISS., *Fl. or.*, IV, 520.
— GREN. et GODR., *Fl. de Fr.*, II, 717. —
Bot. Mag., t. 1808, 5516.
3. *Justicia* L., *Gen.*, n. 27. — J., *Gen.*, 104
(part.). — ENDL., *Gen.*, n. 4089. — NEES, in
DC. Prodr., XI, 426, 731. — T. ANDERS., in
Journ. Linn. Soc., VII, 38; IX, 509 (part.). —
B. H., *Gen.*, II, 1108, n. 93. — *Monechma*
HOCHST., in *Flora* (1841), 374. — NEES, in *DC.*

Prodr., XI, 411 (part.). — *Tyloglossa* HOCHST.,
in *Flora* (1842), Beil., I, 144. — *Athlianthus*
ENDL., *Gen.*, Suppl., II, 63. — *Gendarussa*
NEES, in *Wall. Pl. as. rar.*, III, 76; in *DC.
Prodr.*, XI, 410. — *Hemichoriste* NEES, in
Wall. Pl. as. rar., III, 76; in *DC. Prodr.*, XI,
367, — *Rostellularia* REICHB. — NEES in *DC.
Prodr.*, XI, 368. — *Rostellaria* NEES, in *Wall.
Pl. as. rar.*, III, 76. — *Amphiscopia* NEES, in
DC. Prodr., XI, 356 (part.). — *Anisostachya*
NEES, in *DC. Prodr.*, XI, 368, 730. — *Lepto-
stachya* NEES, in *DC. Prodr.*, XI, 376. — *Saro-
theca* NEES, in *Mart. fl. bras.*, IX, 113, t. 18;
in *DC. Prodr.*, XI, 382. — *Rhaphidospora*
NEES, in *Wall. Pl. as. rar.*, III, 115; in *DC.
Prodr.*, XI, 499. — *Campylostemon* E. MEY.,
in exs. Drèg. — *Harnieria* SOLMS, in *Schweinf.
Beitr. Fl. æthiop.*, 109.

calice, et un limbe qui se partage en deux lèvres. La postérieure est concave, entière ou plus ou moins profondément bilobée ; elle est

Justicia Gendarussa.

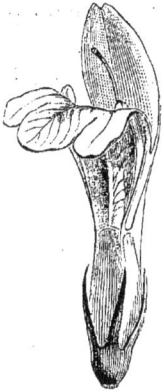

Fig. 325. Fleur.

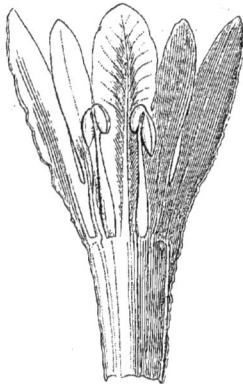

Fig. 327. Corolle étalée, portant l'androcée.

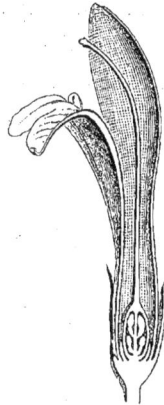

Fig. 326. Fleur, coupe longitudinale.

intérieure dans la préfloraison. L'antérieure est plus étalée ou réfléchie, trilobée ; et son lobe moyen est extérieur aux latéraux dans la préfloraison[1]. Les étamines, portées par la corolle, sont au nombre de deux, et antérieures[2]. Elles ont une anthère introrse, dont les deux loges s'insèrent à des hauteurs différentes. La plus élevée est l'antérieure ; elle est mutique. L'autre est prolongée en bas en une sorte de corne ou d'éperon plein, plus ou moins saillant. Toutes deux s'ouvrent par des fentes longitudinales. Entouré d'un disque annulaire ou cupuliforme, entier ou lobé, l'ovaire a deux loges, complètes ou incomplètes et est surmonté d'un style, dont l'extrémité stigmatifère est obtuse, entière ou bilobulée. Dans chaque loge se voient deux ovules superposés, ascendants, à

Justicia (Rhaphidospora) cordata.

Fig. 328. Diagramme floral.

---

1. Souvent son palais est rugueux, pourvu de rides saillantes, obliques.

2. L'existence de staminodes postérieurs est extrêmement rare.

micropyle inférieur[1]. Le fruit est capsulaire, loculicide, atténué en bas en une sorte de pied plein, de longueur variable. Les graines, au nombre d'une à quatre, sont ascendantes, comprimées, soutenues à la base par un rétinacle arqué, aigu ou obtus. Elles sont lisses, rugueuses-tuberculeuses ou muriquées, et renferment un embryon charnu à radicule courte et inférieure.

Tel que ce genre est aujourd'hui compris, il renferme une centaine d'espèces[2], des régions chaudes des deux mondes. Ce sont des arbustes

Beloperone nodosa.

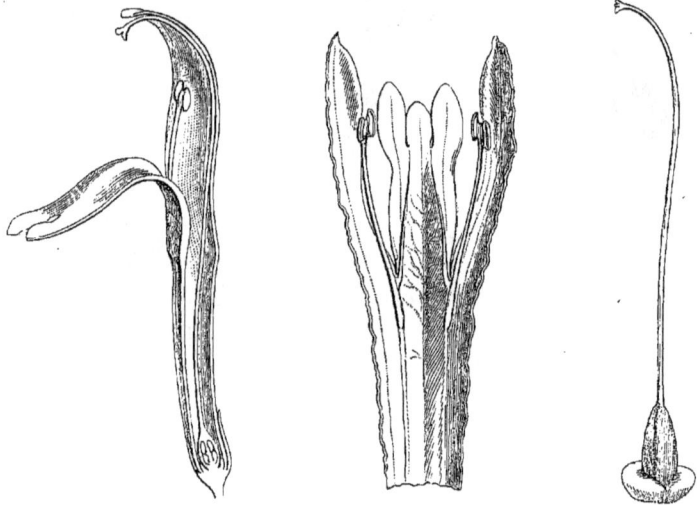

Fig. 329. Fleur, coupe longitudinale.   Fig. 330. Corolle et androcée.   Fig. 331. Gynécée.

et plus souvent des herbes, dont le port est très variable. Leurs feuilles sont opposées et entières. Leurs fleurs[3] sont axillaires, solitaires ou en cymes; ou bien, les feuilles étant remplacées par des bractées, elles

1. Son tégument est très incomplet ou presque nul.
2. CAV., *Icon.*, t. 28. — VENT., *Malm.*, t. 51. — JACQ., *H. schœnbr.*, t. 3, 4. — VAHL, *Symb.*, t. 26. — WIGHT, *Icon.*, t. 1538, 1544, 1539-1542, 1554. — WALL., *Pl. as. rar.*, t. 93. — KURZ, in *Journ. As. Soc. beng.*, XXXIX, 80. — SEEM., *Bot. Her.*, t. 67. — C.-B. CLKE, in *Hook. f. Fl. brit. Ind.*, IV, 524. — BENTH., *Fl. austral.*, IV, 549. — THW., *Enum. pl. Zeyl.*, 233. — BALF. F., *Bot. Socot.*, 219, t. 72. — SCHWEINF., in *Verh. d. K. K. zool.-bot. Ges.*

Wien (1868), 678. — SOLMS, in *Schweinf. Beitr. Fl. æth.*, 109. — MIQ., *Fl. ind. bat.*, II, 831 (*Gendarussa*), 832. — BRANDEG., in *Proc. Calif. Acad.*, ser. 2, II, 195. — FR. et SAV., *Enum. pl. jap.*, I, 356 (*Rostellularia*). — H. SCHINZ, in *Verh. Bot. Ver. Prov. Brand.*, XXXI, 201. — BAK., in *Journ. Linn. Soc.*, XX, 221; XXI, 429. — BOISS., *Fl. or.*, IV, 525. — HEMSL., *Bot. centr.-amer.*, II, 515. — A. GRAY, *Syn. Fl. N.-Amer.*, II, I, 329. — *Bot. Mag.*, t. 2076, 2766.
3. Roses, blanches, jaunes ou violacées.

forment, au sommet des rameaux, des épis ou des grappes, simples ou composés, de glomérules ou de cymes. Des bractéoles latérales, de forme et de dimensions très variées, accompagnent les fleurs. Dans une section du genre à laquelle on a donné le nom de *Strobilostachys*, la loge inférieure de l'anthère est mucronée en bas; mais son mucron est terminé par un renflement sphérique.

Schwabea ciliaris.

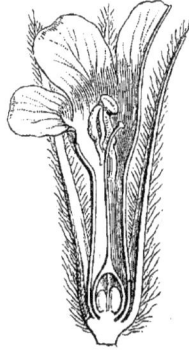

On a donné le nom de *Eujusticiées* à une sous-série considérable, encore imparfaitement connue dans un grand nombre de ses membres, et qu'on caractérise par une corolle dont la lèvre anté-rieure est plus ou moins profondément partagée en trois lobes, tandis que la postérieure est entière ou courtement bifide. Chacune des loges ova-riennes renferme deux ovules. Elle comprend, outre les *Justicia*, les genres *Somalia, Tricho-calyx, Siphonoglossa, Ancalanthus, Balochia, Beloperone* (fig. 329-331), *Schwabea* (fig. 332), *Synchoriste,* (?) *Podorungia, Isoglossa,* (?) *Populina, Anisotes, Forci-pella, Adhatoda, Spathacan-thus, Rhinacanthus, Soleno-ruellia, Tabascina, Dian-thera,* (?) *Carlowrightia, Jacobinia, Thyrsacanthus, Graptophyllum, Chileran-themum, Schaueria, Hover-denia, Harpochilus, Himan-tochilus, Anisacanthus, Fit-tonia, Ptyssiglottis, Sphyn-ctacanthus, Ecbolium, Aphelandra* (fig. 333, 334), *Holographis, Lepidagathis, Isochoriste, Phialacanthus, Herpetacanthus, Monothe-cium, Oreacanthus, Ruttya, Brachystephanus, Clinacan-thus, Glockeria, Razisea, Stenostephanus, Gastranthus* et (?) *Chœtothylax;* genres dont quelques-uns, mal connus, ont une autonomie des plus douteuses.

Fig. 332. Fleur, coupe longitudinale.

Aphelandra aurantiaca.

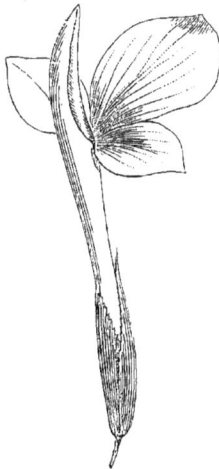

Fig. 333. Fleur.

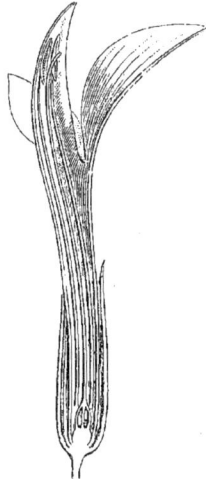

Fig. 334. Fleur, coupe longitudinale.

Les *Barleria* ont donné leur nom à une sous-série (*Barlériées*) dans laquelle la corolle a cinq lobes imbriqués de façons diverses, aplatis; l'antérieur souvent recouvert par les latéraux. Les étamines sont didynames; les postérieures rarement stériles. Les loges ovariennes renferment deux ou parfois quatre ovules. Dans cette sous-série se rangent encore les genres *Crabbea, Neuracanthus, Glossocalyx, Thomandersia, Barleriola, Leptostachys* et *Crossandra*.

Le *Pseudoblepharis* représente une autre sous-série (*Pseudoblépharidées*), dans laquelle la corolle est celle d'une Acanthée, mais avec un calice penta-mère. L'androcée est didyname, et les anthères sont uniloculaires. Les loges ovariennes sont biovulées.

Hypoestes elegans.

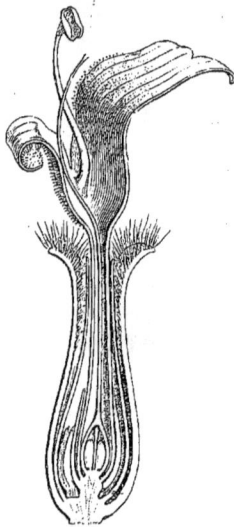

Fig. 335. Fleur, coupe longitudinale.

Dans la sous-série des *Éranthémées,* il n'y a que deux étamines, et les cinq lobes de la corolle sont plans, étalés ou à peu près; les deux postérieurs généralement recouverts. Elle est formée des cinq genres *Eranthemum, Astracanthus, Codonacanthus, Cystacanthus* et *Sebastiano-Schauera.*

Dans celle des *Asystasiées,* l'androcée est didyname, et les loges ovariennes sont uni-ovulées. La corolle a cinq lobes plans, et l'antérieur est généralement extérieur, tandis que les postérieurs sont recouverts. Ces derniers sont étalés comme les autres, plus rarement ascendants. Ici se rangent les genres *Asystasia, Chamæranthemum, Berginia, Parasystasia, Neriacanthus* et *Stenandrium.*

Dans la série des *Dicliptérées,* la corolle est bilabiée, et sa lèvre antérieure est trilobée, tandis que la postérieure est entière ou bilobée. L'androcée est diandre, et les loges ovariennes sont biovulées. Les fleurs, solitaires ou en nombre variable, sont entourées de deux ou quatre bractées qui dépassent le calice et sont valvaires ou plus ou moins connées. A ce groupe appartiennent les huit genres *Dicliptera, Rungia, Clystax, Tetramerium, Hypoestes* (fig. 335), *Peristrophe, Periestes* et (?) *Lasiocladus.*

Les *Andrographis* sont la tête d'une sous-série (*Andrographidées*) dans laquelle les loges ovariennes renferment plus de deux ovules.

L'androcée est diandre, et les anthères sont biloculaires. La corolle est bilabiée, et sa lèvre postérieure est entière ou bilobée. Le fruit s'ouvre jusqu'à sa base en deux valves. Avec les *Andrographis* se rangent les genres *Haplanthus*, *Gymnostachyum*, *Phlogacanthus* et *Diotacanthus*.

Le genre *Periblema*, de Madagascar, constitue une petite sous-série (*Périblémées*), dans laquelle l'androcée est didyname; les anthères biloculaires; les loges ovariennes biovulées, avec des pédoncules axillaires triflores; chaque fleur, entourée d'un involucre campanulé, à quatre lobes, et de deux bractées plus extérieures.

La famille des Acanthacées a été établie en 1759, sous le nom d'*Acanthi*, par B. DE JUSSIEU[1]; mais elle renfermait surtout des Scrofulariées, les *Bignonia* et les *Pedalium;* tandis que A.-L. DE JUSSIEU[2] n'y conserva que 8 genres de véritables Acanthacées. C'est en 1804 qu'il adopta ce dernier nom[3]. NEES D'ESENBECK étudia la famille d'une façon toute particulière[4], et ses monographies furent acceptées sans réserve jusqu'au jour où T. ANDERSON[5] reprit l'étude des espèces de l'Inde et de l'Afrique tropicale. Ses vues furent adoptées dans le *Genera* de BENTHAM et HOOKER[6], qui comprenait dans la famille 120 genres, distribués en 5 tribus. Aujourd'hui nous connaissons environ 1500 espèces, et 136 genres, partagés en 6 séries :

I. THUNBERGIÉES[7]. — Corolle tordue. Loges ovariennes à 2 ovules collatéraux. Graines dépourvues de rétinacle et insérées par leur face ventrale. — 4 genres.

II. NELSONIÉES[8]. — Corolle imbriquée; les lobes postérieurs ordinairement extérieurs. Loges ovariennes à ∞ ovules 2-sériés. Graines dépourvues de rétinacle et insérées par un funicule ventral papilliforme. — 5 genres.

III. RUELLIÉES[9]. — Corolle tordue. Ovules 2-∞, 1, 2-sériés.

1. In *Hort. Trian.*, ex A.-L. J., *Gen.*, lxvj.
2. *Gen.* (1789), 102, Ord. 3.
3. *Acanthaceæ* J., in *Dict.*, I, 96. — LINDL., *Nat. Syst.* (1830) ; *Veg. Kingd.*, 678. — ENDL., *Gen.*, 696, 1405, Ord. 150.
4. NEES, in *DC. Prodr.*, XI, 46, Ord. 145; in *Wall. Pl. as. rar.*, III, 70.
5. In *Journ. Linn. Soc.*, VII, IX.
6. *Gen.*, II, 1060, Ord. 122.
7. DUMORT., *An. fam.* (1823), 23 (*Tumber-*

gieæ). — LINDL., *Veg. Kingd.*, 679 (*Thunbergeæ*). — H. BN, in *Payer Fam. nat.*, 215, 217. — *Anechmatacantheæ* NEES, in *DC. Prodr.*, XI, 19 (part.).
8. NEES, in *Wall. Pl. as. rar.*, III, 74. — B. H., *Gen.*, II, 1063, Trib. 2.
9. DUMORT., *An. fam.*, 23. — NEES, in *Wall. Pl. as. rar.*, III, 75; in *Lindl. Introd.*, ed. 2, 285; in *DC. Prodr.*, XI, 99 (Trib. 4). — ENDL., *Gen.*, 699. — B. H., *Gen.*, II, 1063, Trib. 3.

Graines ascendantes, comprimées, à hile inférieur, souvent pourvues d'un rétinacle arqué et induré. — 35 genres.

IV. BRILLANTAISIÉES. — Corolle bilabiée, à lèvres subvalvaires. Étamines fertiles 2, postérieures. Ovules ∞. Graines ascendantes et pourvues d'un rétinacle. — 1 genre.

V. ACANTHÉES[1]. — Corolle étalée en une lèvre unique, postérieure. Graines des *Ruelliées*. — 5 genres.

VI. JUSTICIÉES[2]. — Corolle à 2 lèvres ou presque régulière, imbriquée. Étamines didynames ou 2, antérieures. Graines à hile marginal ou basilaire, pourvues d'un rétinacle. — 86 genres.

Les Acanthacées sont des plantes des pays chauds des deux mondes; elles deviennent plus rares dans les régions tempérées. En Europe, elles ne sont représentées que par le genre *Acanthus*.

Leur androcée diplostémoné les rapproche beaucoup des Scrofulariacées et des Labiées. Aux premières elles tiennent surtout par les Nelsoniées qui ont de nombreux ovules. Mais la disposition de ceux-ci et la structure des graines sont spéciales dans ces dernières. Des Labiées elles diffèrent par le style non gynobasique et l'ovaire non 4-locellé. On a quelquefois aussi confondu certaines Acanthacées avec les Bignoniacées; mais celles-ci ont un port tout particulier, un calice souvent à part, et des fruits qui n'appartiennent qu'à elles. Par les Thunbergiées régulières, les Acanthacées sont reliées aux Boraginacées à style apical et aux Convolvulacées. Mais ces dernières sont souvent grimpantes, à feuilles alternes, à corolle plissée, à androcée isostémoné. Il en est de même des Boraginacées quant au nombre des étamines, et leur micropyle ovulaire est supérieur; leurs fruits sont généralement des achaines ou des drupes[3].

1. NEES, in *Wall. Pl. as. rar.*, III, 76; in *Lindl. Introd.*, ed. 2, 285; in *DC. Prodr.*, XI, 264, Trib. 6. — B. H., *Gen.*, II, 1062, Trib. 2.

2. DUMORT., *An. fam.*, 23. — B. H., *Gen.*, II, 1066, Trib. 5. — *Justiciadæ* LINDL., *Veg. Kingd.*, 679. — *Barlerieæ* NEES, in *Wall. Pl. as. rar.*, III, 75; in *DC. Prodr.*, XI, 223, Trib. 5.

3. Il y a des types qui seront peut-être intermédiaires aux Acanthacées et aux Bignoniacées, comme le *Neolindenia* H. BN (in *Bull. Soc. Linn. Par.*, 851), qui n'est pas bien connu. Nous citerons encore comme genres à place incertaine dans cette famille :

Le *Leptosiphonium* F. MUELL., *Not. on papuan plants* (1885), 32, Ruelliée que nous n'avons pas vue;

Le *Dicladanthera* F. MUELL., *Fragm. phyt. Austral.*, XII, type australien assez incomplètement connu;

L'*Androcentrum* CH. LEME (in *Fl. des serr.* (1847), Jun., Misc., 242, n. 12), rapporté avec doute (B. H., *Gen.*, n. 28) aux Ruelliées et comparé aux *Aphragmia* NEES; plus les genres suivants, déjà indiqués avec doute (B. H., *Gen.*, 1071) comme se rapportant à la famille:

Sericospora NEES, in *DC. Prodr.*, XI, 444;

Stachyacanthus NEES, in *Mart. Fl. bras.*, IX, 65; in *DC. Prodr.*, XI, 168;

Digyroloma TURCZ., in *Bull. Mosc.* (1862), II, 329;

Carachera FORSK., *Fl. æg.-arab.*, 115, parfois aussi attribué aux Verbénacées (SCHAU., in *DC. Prodr.*, XI, 605).

Propriétés[1]. — Les *Acanthus*, notamment l'*A. mollis*[2] (fig. 318-324) et l'*A. spinosus* L., sont émollients, sudorifiques. On vante l'*A. ilicifolius*[3] et l'*A. ebracteatus* Vahl contre l'asthme et les morsures des serpents venimeux. L'*Acanthodium hirtum* Hochst. a des graines mucilagineuses[4]. On emploie dans l'Inde, comme diurétiques, fébrifuges, anticatarrheux, les *Barleria longiflora* L., *buxifolia* L., *bispinosa* Vahl, et surtout le *B. Prionitis*[5]. Il y a un grand nombre d'autres *Barleria* indiqués comme médicaments. Le *Thunbergia fragrans* Roxb. passe pour tonique-aromatique. Les *Adenosma cœrulea* R. Br. et *Thymus* Nees sont stimulants. L'*Hygrophila ringens* R. Br. est astringent, et l'*H. obovata* Nees est un remède des plaies et des œdèmes[6]. Les *Ruellia tuberosa* L., *patula* L., *hispida* Rich. et *strepens* L. (fig. 313-315) sont substitués en Amérique à l'Ipécacuanha. Le *R. clandestina* L. passe pour fébrifuge aux Antilles. Le *R. Digitalis* Kœn. est astringent. Les *R. alternata* Burm. et *repanda* L. servent au traitement des angines, des flux, des conjonctivites. L'*Andrographis paniculata*[7], de l'Asie tropicale, estimé contre la dyspepsie, la diarrhée, le choléra, est la base du médicament secret dit *Drogue-amère*. L'*A. echioides* Nees est vanté contre les fièvres d'accès et la rage. Le *Dicliptera bicalyculata* Kost. sert, dans la péninsule indienne, au traitement des morsures de serpents. Le *D. multiflora* J., dont la racine est odontalgique, a des jeunes pousses potagères. Au Pérou, le *D. acuminata* J., mucilagineux, est alimentaire (*Lokro*). Le *D. Rheedii* Kost., souvent considéré comme identique au *D. bivalvis* J., espèce observée à la fois dans l'Inde orientale et en Abyssinie, sert au traitement des affections pulmonaires. Il y a dans l'Inde un *Gymnostachyum febrifugum* Benth. En Abyssinie, on prescrit l'*Hypoestes triflora* R. et Sch. contre les ophthalmies. Le *Justicia aurea* Schci tl est vanté contre l'épilepsie, l'apoplexie et les fièvres intermittentes. Les *J. trifolia* Forsk., *tunicata* Afz., *biflora* Vahl, *rotundifolia* Nees

---

1. Endl., *Enchirid.*, 344. — Lindl., *Veg. Kingd.*, 679. — Rosenth., *Syn. pl. diaphor.*, 482, 1133.

2. L., *Spec.*, 891. — Sibth., *Fl. græc.*, t. 610. — Gren. et Godr., *Fl. de Fr.*, II, 717 (*Branc-ursine, Pied d'ours*).

3. L., *Spec.*, 892. — Bl., *Bijdr.*, 806. — *Dilivaria ilicifolia* J., *Gen.*, 103.

4. On mange crues, en Arabie, les feuilles de l'*A. spicatum* Del. (*Acanthus edulis* Vahl. — *Blepharis edulis* Pers.).

5. L., *Spec*, 887. — H. Bn, in *Dict. enc. sc. méd.*, sér. 1, VIII, 372.

6. Dans l'Inde, on vante comme diurétiques les feuilles de l'*H. spinosa* T. Anders. (*Asteracantha longifolia* Nees) et ses graines, nommées *Talmakhara*, qui se prescrivent aussi contre la blennorrhagie.

7. Nees, in *Wall. Pl. as. rar.*, III, 116. — H. Bn, in *Dict. enc. sc. méd.*, sér. 1, IV, 316. — *Justicia paniculata* Burm., *Fl. ind.*, 314. — *J. latebrosa* Ham. — *Cara Caniram* Rheed., *H. malab.*, IX, t. 56 (*Mohatila, Kala-megh; Kalup-nath, Kairata, Nila-vemu*). Chez nous, la plante a parfois reçu le nom de *Roi-des-amers*.

sont aussi médicinaux. Les *J. nitida* JACQ., *reptans* Sw., *comata* Sw. sont astringents. L'*Ecbolium Linneanum*[1], de l'Arabie et de l'Inde, est administré contre les paralysies, la toux et les plaies. Le *Justicia Gendarussa*[2] (fig. 325-327) se prescrit dans l'Inde contre les rhumatismes et les paralysies; le *J. procumbens*[3], contre les affections oculaires. Le *J. sericea* R. et P. est, au Pérou, un remède de la variole. Les *Adhatoda* sont employés dans l'Inde[4]: l'*A. Vasica* NEES comme amer, antispasmodique ; l'*A. Betonica* NEES contre les affections du poumon, du rein, les plaies et les morsures des serpents. Le *Graptophyllum hortense* NEES passe pour un remède des affections de la gorge; il favorise, dit-on, la sécrétion lactée. Le *Dianthera pectoralis*[5] est renommé contre les affections de la gorge et du poumon; il est la base de l'*Elixirium americanum* et du *Sirop de Charpentier*. Un grand nombre d'Acanthacées sont colorantes. Le *Peristrophe tinctoria*[6] est cultivé depuis l'Assam jusqu'à Ceylan. Certaines variétés de *Nelsonia canescens* (fig. 308-312) donnent une teinture bleue. Le *Dicliptera baphica*[7] fournit, en Cochinchine, une couleur verte; et le *Dianthera hirsuta* R. et PAV., au Pérou, une teinture bleue. Au Mexique, le *Justicia atramentaria* BENTH. teint en noir; et de même, dans l'Indo-Chine, plusieurs *Strobilanthes*. Le *S. flaccidifolia* NEES est le célèbre *Room* qui teint en bleu. A Java, la moelle du *S. elata* INGHN. s'emploie à fabriquer des mèches de lampe. Il y a dans nos serres un grand nombre d'Acanthacées ornementales. Les Acanthes sont recherchées pour la beauté de leur feuillage. Une légende bien connue veut qu'une de ces plantes ait servi de modèle au chapiteau corinthien.

1. KURZ, in *Journ. As. Soc.* (1871), II, 75. — BOISS., *Fl. or.*, IV, 526. — C.-B. CLKE, in *Hook. f. Fl. brit. Ind.*, IV, 544. — *Justicia Ecbolium* L. — *J. ligustrina* VAHL. — *J. lœtevirens* VAHL. — *Eranthemum Ecbolium* T. ANDERS.

2. L. F., *Suppl.*, 85. — JACQ., *Ecl.*, t. 11. — C.-B. CLKE, in *Hook. f. Fl. brit. Ind.*, IV, 27. — *Gendarussa vulgaris* NEES, in *Wall. Pl. as. rar.*, III, 104.

3. L., *Fl. zeyl.*, 19. — C -B. CLKE, *loc. cit.*, 539, n. 50. — *J. micrantha* WALL. — *Rostellaria procumbns* NEES. — *R. adenostachya* NEES.

4 H. BN, in *Dict. sc. méd.*, sér. 1, II, 1.

5. MURR. — GRISEB., *Fl. brit. W.-Ind.*, 455. — *Justicia pectoralis* JACQ., *Amer.*, 3, t. 3. — *Rhytiglossa pectoralis* NEES, in *Mart. Fl. bras.*, VII, 128.

6. NEES, in *Wall. Pl. as. rar.*, III, 113; in *DC. Prodr.*, XI, 493? — C.-B. CLKE, in *Hook. f. Fl. brit. Ind.*, IV, 556. — *Justicia tinctoria* ROXB. — *J. Roxburghiana* R. et SCH. — Le *P. speciosa* NEES, également tinctorial, est le *Justicia tinctoria* de l'herbier de Calcutta. Le *P. dichotoma* HASSK. est le *Dianthera dichotoma* C.-B. CLKE.

7. NEES, in *DC. Prodr.*, XI, 490. — *Justicia tinctoria* LOUR., *Fl. coch.*, 25. L'auteur indique aussi comme tinctorial son *J. purpurea*.

GENERA

I. THUNBERGIEÆ.

1: **Thunbergia** L. — Flores subregulares; receptaculo convexo. Calyx annularis, brevis v. nunc brevissimus, truncatus v. 10- ∞- dentatus. Corollæ tubus rectus v. incurvus, superne ampliatus; limbi patentis lobis 5, parum inæqualibus, tortis, sinistrorsum obtegentibus. Stamina 4, didynama; filamentis corollæ affixis, basi incrassatis discretis; antheris apiculatis, glabris v. barbatis; loculis 2, introrsum rimosis, æqualibus, basi sæpius aristatis v. calcaratis. Discus annularis v. pulvinatus. Germen 2-loculare; stylo apice inæqui-2-lobo. Ovula in loculis 2, collateralia hemitropa; micropyle extrorsum infera. Capsula abrupte rostrata, loculicida. Semina in loculis 1, 2, ventre excavata v. plana, extus lævia v. verrucosa; hilo centrali; funiculo brevi crasso. Embryo semini conformis; radicula incurva; cotyledonibus crassis, sæpe inflexis v. plicatis. — Herbæ suberectæ v. sæpius volubiles, nunc basi frutescentes; foliis oppositis, sæpe cordatis v. hastatis; floribus axillaribus solitariis v. terminali–racemosis; bracteolis 2, lateralibus foliaceis valvatis florem includentibus. (*Asia et Africa trop., Madagascaria.*) — *Vid. p.* 403.

2? **Pseudocalyx** Rdlkf.[1] — Calyx annularis brevis, stellato-pilosus. Corollæ tubus geniculatus infracto-incurvus; limbus tortus, demum 2-labiatus, 5-lobus, subvalvatus[2]. Stamina 4, leviter didynama; filamentis brevibus; antherarum elongatarum apiculatarum loculis 2, inferne liberis divergentibus. Staminodium breve corollæ adnatum. Germen stellato-pubens; stylo curvo, apice stigmatoso bre-

---

1. In *Abh. Nat. Ver. Brem.*, VIII, 416.   2. Spec. 1. *P. saccatus* Rdlkf.

viter 2-lobo. Ovula in loculis 2-na adscendentia. — Frutex (scandens?) dichotome ramosus; foliis oppositis oblongis; floribus breviter racemosis decussatis; bracteolis 2, magnis ellipticis valvatis glanduloso-pilosis in saccum ovoideum connatis. (*Madagascaria*.)

3. **Monachochlamys** BAK.[1] — Flores fere *Thunbergiæ;* calyce annulari denticulato. Corollæ tubus superne contractus, mox dilatatus; limbo torto. Stamina didynama; antheris basifixis sagittatis apiculatis; loculis hinc crassis, inferne papillosis; inde tenuibus albidis ibique inæqui-ruptis. Discus annularis v. breviter cupularis. Germen 2-loculare; loculis 2-ovulatis; stylo apice obtuso. Fructus drupaceus, 1-spermus. — Frutices scandentes; ramis 4-gonis; foliis oppositis petiolatis; floribus axillaribus solitariis v. in cymas umbelliformes dispositis; singulis bracteolis 2 valvatis, hinc solutis, basi 2-carnoso-gibbosis, involucratis. (*Madagascaria*[2].)

4. **Mendoncia** VELL.[3] — Flores fere *Monachochlamydis* (v. *Thunbergiæ*); calyce annulari integro v. cupulari. Corollæ tubus rectus v. incurvus; limbo obliquo torto patente. Stamina didynama; antheris glabris v. basi barbatis dorsove glanduloso-pilosis. Germen inæqui-2-loculare v. abortu 1-loculare; loculis 2-ovulatis. Fructus drupaceus. Semina 1, 2, adscendentia; cotyledonibus varie plicatis v. convolutis; radicula brevi recurva. — Frutices v. suffrutices volubiles, sæpius varie pubentes; foliis integris; floribus[4] ad axillas solitariis v. cymosis; bracteolis involucrantibus 2, valvatis, demum hinc v. utrinque solutis. (*America trop.*[5])

II. NELSONIEÆ.

5. **Nelsonia** R. BR. —Flores irregulares; sepalis 5; anticis 2 plus minus alte connatis. Corollæ 2-labiatæ tubus tenuis, sub fauce dila-

1. In *Journ. Linn. Soc.*, XX, 217, t. 26.
2. Spec. 2. RDLKF., in *Abh. Ver. Brem.*, VIII, 467 (*Mendoncia*). — H. BN, in *Bull. Soc. Linn. Par.*, 826.
3. In *Vandell. Fl. lus. et bras. Specim.*, 43, t. 3, fig. 22. — B. H., *Gen.*, II, 1072, n. 1. — *Mendozia* R. et PAV., *Prodr. Fl. per. et chil.*, 89, t. 17. — ENDL., *Gen.*, n. 4030. — NEES, in

DC. *Prodr.*, XI, 50. — *Engelia* KARST. — NEES, *loc. cit.*, 721.
4. Purpureis, coccineis v. pallidis.
5. Spec. ad 20. PRESL, *Symb.*, t. 80. — NEES, in *Mart. Fl. bras.*, IX, 9. — HEMSL., *Bot. centr.-amer.*, II, 500. — ŒRST., in *Vid. Medd. Nat. For. Kjob.* (1854), 113. — WALP., *Ann.*, III, 209; V, 643.

tatus; limbi labio postico 2-lobo ; antico intimo, 3-lobo. Stamina fertilia 2, antica subinclusa; antherarum loculis divergentibus, nunc basi minute mucronulatis. Germen 2-loculare; stylo apice brevissime 2-lobo; ovulis in loculis 8-10, incomplete anatropis. Capsula oblonga, a basi 2-locularis, apice in rostrum vacuum producta; seminibus 2-seriatis subglobosis tuberculato-rugosis; hilo ventrali; embryonis albuminosi recti v. subarcuati cotyledonibus crassis; radicula infera. — Herba diffusa varie villosa v. tomentosa; foliis oppositis petiolatis; floribus terminali-spicatis, in axilla bracteæ villosæ glandulosæque solitariis. (*Orbis utriusque reg. calid.*) — *Vid. p.* 405.

6. **Elytraria** VAHL[1]. — Flores fere *Nelsoniæ*; sepalis acutis scariosis. Stamina fertilia 2. Staminodia minuta v. 0. Semina pauca; hilo ventrali lineari. — Herbæ humiles subacaules v. caudice lignoso; foliis basi v. apice caulium confertis, alternis v. suboppositis, basi attenuatis; floribus[2] dense spicatis; bracteis lanceolatis rigidis imbricatis; bracteolis angustis. (*Asia, Africa et America trop.*[3])

7. **Ophiorrhiziphyllum** KURZ[4]. — « Flores fere *Elytrariæ;* calyce 5-partito. Stamina 2, exserta; antherarum loculis erectis, apice breviter rimosis. Fructus obtusus. — Herba erecta; foliis oppositis amplis integris; floribus[5] in spicam laxam terminalem dispositis. (*Martabania*[6].) »

8? **Hiernia** S. MOORE[7]. — « Calyx tubuloso-campanulatus fere ad medium 5-lobus. Corollæ tubus curvulus, a basi gradatim ampliatus; limbi patentis lobis 5, imbricatis; posticis 2 minoribus altius connatis. Stamina didynama exserta; antheris oblongis, 1-locularibus, basi brevissime appendiculatis, poro apiculati conspicuo dehiscentibus. Discus parum prominens. Germinis loculi pluriovulati; stylo truncato

1. *Enum.*, I, 106. — ENDL., *Gen.*, n. 4031. — NEES, in *DC. Prodr.*, XI, 63. — B. H., *Gen.*, II, 1073, n. 3.
2. Albis v. cœruleis, parvis.
3. Spec. 3, 4. VAHL, *Icon.*, t. 1 (*Justicia*). — JACQ., *H. schœnbr.*, t. 5 (*Verbena*). — ROXB., *Pl. corom.*, t. 127 (*Justicia*). — PAL.-BEAUV., *Fl. owar. et ben.*, t. 93. — MICHX, *Fl. bor.-amer.*, t. 1. — OERST., in *Vid. Medd. Nat. For. Kjob.* (1854), 114, t. 3. — C.-B. CLKE, in *Hook. f. Fl. brit. Ind.*, IV, 394. — THW., *Enum. pl. Zeyl.*, 224. — MIQ., *Fl. ind. bat.*, II, 770.

— PURSH, *Fl., bor.-amer.*, I, 13. — S. LE MOORE, in *Trim. Journ.* (1880), 196. — GRISEB., *Fl. Brit. W.-Ind.*, 451. — NEES, in *Mart. Fl. bras.*, IX, 13. — HEMSL., *Bot. centr.-amer.*, II, 500. — A. GRAY, *Syn. Fl. N.-Amer.*, II, I, 323. — WALP., *Ann.*, V, 644.
4. In *Journ. Asiat. Soc. Beng.*, XL, 76. — B. H., *Gen.*, II, 1074, n. 6.
5. Albidis v. rosellis, parvulis.
6. Spec. 1. *O. macrobotryum* KURZ. — C.-B. CLKE, in *Hook. f. Fl. brit. Ind.*, IV, 403.
7. In *Trim. Journ.* (1879), 196, t. 211.

brevissime 2-lobo. Fructus oblongus curvatus subrostratus, valvis cymbiformibus 1-lateraliter dehiscens, a basi paucispermus, superne sterilis; seminibus subreniformibus obscure tuberculatis, retinaculo haud indurato gracili fultis. — Fruticulus rigidus, scoparie ramosissimus, viscoso-pubescens; foliis parvis; floribus axillaribus solitariis brevissime pedunculatis, bracteatis. (*Angola*[1].) »

9. **Ebermaiera** NEES[2]. — Flores fere *Nelsoniæ;* staminibus didynamis. — Herbæ, nunc suffrutescentes; foliis oppositis; spicis simplicibus axillaribus v. terminali-racemosis. (*Asia et Oceania trop.*, *Brasilia*[3].)

III. RUELLIEÆ.

10. **Ruellia** L. — Sepala 5, libera v. plus minus alte æqui- v. rarius inæqui-connata. Corollæ tubus rectus, nunc longissimus, incurvus v. inflexus; fauce plus minus dilatata; limbi lobis 5, sinistrorsum obtegentibus tortis, inæqualibus v. subæqualibus. Stamina didynama, sub fauce affixa, inclusa v. exserta; filamentis basi dilatatis ibique per paria contiguis v. in membranam connatis; antheris dorsifixis oblongo-sagittatis, 2-locularibus; loculis parallelis muticis rimosis v. raro laceris. Discus annularis, nunc parum conspicuus. Germen 2-loculare; stylo vario, apice attenuato recurvo v. revoluto; lobo postico brevi v. obsoleto; antico autem longiore, nunc dilatato subpetaloideo. Ovula in loculis 3-15. Fructus capsularis lineari-elongatus v. clavatus, basi in stipitem solidum plus minus longe contractus v. compressus. Semina plano-compressa, retinaculis uncinatis acutis fulta; embryone carnoso exalbuminoso. — Herbæ v. frutices; rhizomate v. radicibus sæpe tuberculosis; foliis oppositis, integris v. raro dentatis; inflorescentia varia. (*Orbis utriusque reg. calid.*) — *Vid. p.* 407.

11. **Tacoanthus** H. BN[4]. — Sepala 5, linearia inæqualia. Corollæ

1. Spec. 1. *H. angolensis* S. MOORE.

2. In *Wall. Pl. as. rar.*, III, 75; in *DC. Prodr.*, XI, 70. — B. H., *Gen.*, II, 1074, n. 5. — *Erytracanthus* NEES, *loc. cit.* — *Staurogyne* WALL., *loc. cit.*, II, 80, t. 186.

3. Spec. ad 35. WIGHT, *Icon.*, t. 1488, 1491 (*Erythracanthus*). — MIQ., *Fl. ind. bat.*, II, 772. — HASSK., in *Retzia*, I, 77. — T. ANDERS.,

in *Journ. Linn. Soc.*, IX, 450. — BEDD., *Ic. pl. ind. or.*, t. 245. — HANCE, in *Seem. Journ.* (1868), 300 (*Ebermaiera*). — THW., *Enum. pl. Zeyl.*, 224. — C.-B. CLKE, in *Hook. f. Fl. brit. Ind.*, IV, 395. — BENTH., *Fl. austral.*, IV, 544. — NEES, in *Mart. Fl. bras.*, IX, 15. — WALP., *Ann.*, III, 211; V, 646.

4. In *Bull. Soc. Linn. Par.*, 832.

tubus tenuis longus; limbi 2-labiati lobis 5, orbiculatis. Stamina didynama; filamentis per paria membranæ basilaris ope connatis; antherarum longe lanceolatarum loculis 2, parallelis. Discus parum conspicuus. Germinis loculi 6-8-ovulati; styli gracilis, apice 2-fidi lobis 2, subulatis inæqualibus. — Herba (?) erecta pubescens; foliis oppositis integris; floribus[1] axillaribus solitariis subsessilibus; bracteis foliaceis. (*Bolivia*[2].)

12? **Echinacanthus** Nees[3]. — Flores fere *Ruelliæ*[4]; sepalis lineari-subulatis. Stamina didynama; antherarum dorsifixarum loculis parallelis, basi mucronato-aristatis. Ovula in loculis 6-8. — Herbæ erectæ; foliis integris v. dentatis; floralibus linearibus; cymis laxis pauci- v. 1-floris. (*Nepalia, Khasia*[5].)

13? **Mimulopsis** Schweinf.[6] — Flores fere *Ruelliæ*[7]; corolla[8] fere a basi campanulata; lobis 5, tortis. Stamina didynama; antherarum anticarum loculo 1 majore calcarato. Ovula in loculis[9] plerumque 4, adscendentia. Fructus oblongo-linearis subteres, 2-valvis. — Herbæ elatæ; foliis integris v. dentatis; cymis laxis in racemum terminalem compositum dispositis. (*Africa trop., Madagascaria*[10].)

14. **Ruelliola** H. Bn[11]. — Flores fructusque fere *Ruelliæ*; sepalis 5, ima basi connatis, mox longe lineari-filiformibus, apice obovato- v. spathulato-dilatatis; postico majore. Corolla torta. Stamina 2; antherarum loculis basi divergentibus liberis. Germen incomplete 2-loculare; ovulis in loculo ad 10. Styli rami valde inæquales; altero minimo vix conspicuo; altero autem longe lineari involuto. — Herba pubescens; ramis gracilibus; ramulis nunc ad nodos spurie verticillatis; foliis parvis orbicularibus v. subspathulatis, in petiolum attenuatis; floribus[12] solitariis terminalibus, mox spurie axillaribus. (*Madagascaria*[13].)

1. « Roseis ».
2. Spec. 1. *T. Pearcei* H. Bn (*Otacanthus cœruleus* Lindl., ex Benth. congen., est *Scrofulariacea*, ex H. Bn, *loc. cit.*, 831).
3. In *Wall. Pl. as. rar.*, III, 75; in *DC. Prodr.*, XI, 168. — T. Anders., in *Journ. Linn. Soc.*, IX, 459. — B. H., *Gen.*, II, 1080, n. 17.
4. Cujus potius sectio?
5. Spec. ad 6. Nees, in *Wall. Pl. as. rar.*, III, 83 (*Ruellia*). — C.-B. Clke, in *Hook. f. Fl. brit. Ind.*, IV, 414.

6. In *Verh. Zool. Bot. Ges. Wien*, XVIII, 677. — B. H., *Gen.*, II, 1080, n. 16.
7. Cujus forte potius sectio.
8. Flavæ, mediocris v. majusculæ.
9. Nunc incompletis.
10. Spec. 4, 5. Bak., in *Journ. Linn. Soc.*, XX, 219; XXII, 509. Sunt spec. aliæ madagascarienses hucusque haud descriptæ.
11. In *Bull. Soc. Linn. Par.*, 852.
12. Albis, cæruleo-violaceo tinctis.
13. Spec. 1. *R. Grevei* H. Bn.

15. **Forsythiopsis** BAK.[1] — Sepala 5, subulata, basi connata. Corollæ[2] tubus cylindricus; limbi lobis 5, longioribus subæqualibus obtusis tortis. Stamina fertilia 2, ad medium tubum inserta; antheris ovatis muticis; loculis 2, parallelis æqualibus. Staminodia brevia 2; antheris cassis minutis v. 0. Germen basi lata disciformi insertum; stylo gracili obtuso. Ovula in loculis 2. — Frutices ramosi glabri; foliis post anthesin perfectis integris; floribus axillaribus cymosis præcocibus; bracteolis in pedicello 2, v. 0. (*Madagascaria*[3].)

16. **Calophanes** DON[4]. — Flores fere *Ruelliæ*[5]; antherarum loculis basi nunc mucronatis. Ovula in germinis loculis 2; cæteris *Ruelliæ*. — Herbæ v. suffrutices; foliis oppositis, nunc axillaribus fasciculatis; floribus[6] in cymas axillares breves v. contractas dispositis. (*Asia, Africa et America trop.*[7])

17. **Trichanthera** K.[8] — Sepala 5, herbacea v. coriacea, arcte imbricata. Corollæ[9] tubus cylindraceus, superne ampliatus; limbi lobis 5, ovatis, tortis v. imbricatis. Stamina didynama exserta; antheris oblongis ciliatis, 2-locularibus. Stylus apice inæqui-2-lobus. Ovula in loculis 4. Capsula oblonga coriacea; seminibus 4-8, compressis; retinaculo acuto v. 2-dentato. — Arbor; ramulis obtuse 4-gonis; foliis oppositis amplis integris; floribus in racemum compositum 3-chotomum subsecundum dispositis. (*America merid. bor.-occid.*[10])

18. **Bravaisia** DC.[11] — Sepala 5, herbacea obtusa, arcte imbricata. Corollæ tubus anguste campanulatus; limbi patentis lobis 5,

1. In *Journ. Linn. Soc.*, XX, 218, t. 27, fig. 1-6.
2. Nunc fere *Jasmini*.
3. Spec. 2, quarum protolyp. est *F. Baroni* BAK. Altera in insula australiore inventa est.
4. In *Sweet Brit. fl. Gard.*, ser. 2, t. 181 — NEES, in *DC. Prodr.*, XI, 107. — T. ANDERS., in *Journ. Linn. Soc.*, VII, 23; IX, 459. — B. H., *Gen.*, II, 1077, n. 12. — *Linostyles* FENZL, in *Linnæa*, XXIII, 94. — ? *Chætacanthus* NEES, in *Lindl. Introd.*, ed. 2, 444; in *DC. Prodr.*, XI, 462.
5. Cujus forte sectio.
6. Cœruleis v. albidis.
7. Spec. ad 25. CAV., *Icon.*, t. 254, 586, fig. 2 (*Ruellia*). — WIGHT, *Icon.*, t. 1526. — OLIV., in *Trans. Linn. Soc.*, XXIX, t. 126. — SEEM., *Her. Bot.*, t. 65. — BEDD., *Ic. pl. ind. or.*,

t. 248. — C.-B. CLKE, in *Hook. f. Fl. brit. Ind.*, IV, 410. — THW., *En. pl. Zeyl.*, 225. — S. LE MOORE, in *Trim. Journ.* (1880), 197. — VTKE, in *Abh. Ver. Brem.*, IX, 131. — OERST., in *Vid. Medd. Kjob.* (1854), 120. — HEMSL., *Bot. centr.-amer.*, II, 502. — NEES, in *Mart. Fl. bras.*, IX, 25. — A. GRAY, *Syn. Fl. N.-Amer.*, II, I, 324. — WALP., *Ann.*, IV, 214; V, 647.
8. In *H. B. K. Nov. gen. et spec.*, II, 243. — NEES, in *DC. Prodr.*, XI, 218. — B. H., *Gen.*, II, 1084, n. 27 (non EHRB.).
9. Purpureo-badiæ, extus pubentis.
10. Spec. 1. *T. gigantea* K. — *Ruellia gigantea* H. B., *Pl. æquin.*, 75, t. 102. — HEMSL., *Bot. centr.-amer.*, II, 509. — OERST., in *Vid. Nat. For. Medd. Kjob.* (1854), 132. — *Besleria surinamensis* MIQ.
11. *Rev. Bignon.*, 16; *Prodr.*, IX, 239. —

subæqualibus tortis. Stamina didynama, tubo affixa; filamentis basi pilosis; antherarum loculis distinctis parallelis, basi breviter mucronatis, introrsum rimosis. Discus annularis. Germinis lateraliter compressi loculi 2, 4-ovulati; styli arcuati v. revoluti lobo postico minuto v. 0. Capsula coriacea; seminibus 4-8; retinaculis acutis v. apice 2-dentatis. — Arbores glabræ v. parce puberulæ; foliis oppositis integris; floribus in racemos terminales v. ad folia summa axillares cymigeros dispositis; bracteolis oppositis, nunc basi connatis. (*America utraque centr.*[1])

· 19. **Sanchezia** R. et Pav.[2] — Sepala 5, membranacea v. herbacea, basi tantum connata, imbricata[3]. Corollæ tubus cylindricus vel superne leviter ventricosus; limbi patentis lobis 5, subæqualibus, tortis. Stamina 4, quorum perfecta 2, antica exserta; antheræ loculis discretis, æqualibus v. leviter inæqualibus, inferne mucronatis, introrsum rimosis. Germen stipiti disciformi incrassato impositum, 2-loculare; stylo longe lineari recurvo, apice valde inæqui-2-lobo; lobo postico brevissimo; antico autem lineari-elongato. Ovula 4, 2-seriatim adscendentia, septo parallele compressa suborbicularia imbricata. Capsula oblonga, 2-8-sperma; seminibus compressis adscendentibus, basi retinaculo fultis. — Frutices v. herbæ; foliis oppositis integris v. obscure dentatis; floribus[4] spurie capitatis v. racemosis, bracteolis inæqualibus 2 munitis. (*Columbia, Peruvia, Brasilia*[5].)

20? **Macrostegia** Nees[6]. « Calyx grandis, 5-fidus; lobis anticis longioribus. Corollæ tubulosæ limbus brevilabiatus; labio superiore angustiore integro. Stamina didynama corollam æquantia; antheris 2-locularibus, 2-cornibus; connectivo semilunari crasso; loculis parallelis discretis. Discus annularis. Germinis loculi 2-ovulati; stylo apice 2-fido. — Herba glabra; caule 4-angulari; foliis latis; cymis axillaribus pedunculatis. (*Peruvia*[7].) »

Endl., *Gen.*, n. 4132[1]. — B. H., *Gen.*, II, 1084, n. 29. — *Onychacanthus* Nees, in *DC. Prodr.*, XI, 217.

1. Spec. typica est *B. floribunda* DC. — Hemsl., *Bot. centr.-amer.*, II, 509. — *Onycacanthus Cumingii* Nees. — Oerst., in *Vid. Medd. Nat. For. Kjob.* (1854), 131. Cui addend. *B. tubiflora* Hemsl., in *Hook. Icon.*, t. 1516.

2. *Prodr.*, 5, t. 32; *Fl. per. et chil.*, I, 7, t. 8. — Endl., *Gen.*, n. 4021. — B. H., *Gen.*, II, 1083, n. 25. — *Ancylogyne* Nees, in *Mart.*

Fl. bras., 63, t. 7; in *DC. Prodr.*, XI, 221. — *Pœcilocnemis* Mart., part. (ex Nees).

3. Lanceolata scariosa in speciebus paucis imperfecte cognitis, e. g. in *S. Spruceana* (Spruce, exs., n. 4325).

4. Luteis, purpurascentibus.

5. Spec. ad 10. *Bot. Mag.*, t. 5588 (*Ancylogyne*), t. 5594.

6. In *DC. Prodr.*, XI, 218. — B. H., *Gen.*, II, 1084, n. 30.

7. Spec. 1. *M. Ruiziana* Nees.

21. Sclerocalyx NEES[1]. — « Calyx coriaceus grandis, basi tubulosus, 5-fidus. Corolla tubulosa crassiuscula, tomentosa; limbi regularis lobis 5, planis. Stamina 4; antheris cordato-oblongis; loculis 2, parallelis muticis. Germinis loculi 2-ovulati; stylo gracili, apice stigmatoso oblique rostrato, 1-labiato. — Herba erecta v. frutex; foliis amplis integris membranaceis; floribus[2] in cymas breves terminales subcapitatas congestis; bracteis concoloribus sæpe foliaceis. (*Mexicum*[3].) »

22. Hygrophila R. BR.[4] — Flores fere *Ruelliæ;* sepalis 5, infra medium connatis. Corolla 2-labiata; labio postico 2-fido v. 2-dentato; antico autem patente, 3-lobo. Stamina antica 2, v. 4, didynama, basi per paria in membranam decurrentem connata. Ovula in loculis 2-∞. Capsula a basi 2-locularis; seminibus 4-∞, compressis. — Herbæ erectæ v. diffusæ, glabræ v. varie pilosæ; inermes v. axillari-spinescentes; foliis oppositis; floribus ad axillas glomeratis v. rarius solitariis. (*Asia, Africa et America trop.*[5])

23. Nomaphila BL.[6] — Flores fere *Hygrophilæ;* sepalo postico sæpius latiore longioreque. Corolla 2-labiata; lobis 5, tortis; v. labii antici medio intimo. Ovula in loculis 4-8. — Herbæ erectæ; foliis integris v. subdentatis; cymis laxis pedunculatis 2-paris, v. superioribus in racemum laxum terminalem compositum foliatumque dispositis. (*Asia et Oceania trop., Africa trop., Madagascaria*[7].)

24. Cardanthera HAMILT.[8] — Sepala 5, linearia subæqualia v.

1. In Benth. Bot. Sulph., 145; in DC. Prodr., XI, 219. — B. H., Gen., II, 1083, n. 26. — Gymnacanthus NEES, in Lindl. Introd. Nat. Syst., ed. 2, 444.

2. Albis, majusculis.

3. Spec. 1. S. mexicanus NEES. — Gymnacanthus petiolaris NEES.

4. Prodr., 479. — ENDL., Gen., n. 4039. — NEES, in DC. Prodr., XI, 85; Pl. H. bonn., t. 3. — T. ANDERS., in Journ. Linn. Soc., VII, 22; IX, 456. — B. H., Gen., II, 1075, n. 8. — Asteracantha NEES, in Wall. Pl. as. rar., III, 75; in DC. Prodr., XI, 247. — Physichilus NEES, in Hook. Comp. Bot. Mag., II, 310; in DC. Prodr., XI, 81 (part.). — Polyechma HOCHST., in Flora (1841), 376. — NEES, in DC. Prodr., IX, 82. — Hemiadelphis NEES, in Wall. Pl. as. rar., III, 75; in DC. Prodr., IX, 80. — ? Tenoria DENH., ex ENDL., Gen., Suppl., II, 62.

5. Spec. 12, 13. WIGHT. Icon., t. 1489, 1490,

1492, 1493 (Physichilus). — MOR., in Mem. Acad. torin., XXXVI, t. 7 (Barleria). — BENTH., Fl. austral., IV, 544. — THW., Enum. pl. Zeyl., 225. — C.-B. CLKE, in Hook. f. Fl. brit. Ind., IV, 406. — MIQ., Fl. ind. bat., II, 777. — S. LE MOORE, in Trim. Journ. (1880), 197. — FR. et SAV., En. pl. jap., I, 355. — BOISS., Fl. or., IV, 518. — HEMSL., Bot. centr.-amer., II, 501. — NEES, in Mart. Fl. bras., IX, 19. — OERST., in Vid. Medd. Kjob. (1854), 119. — A. GRAY, Syn. Fl. N.-Amer., II, I, 324.

6. Bijdr., 804. — ENDL., Gen., n. 4040. — NEES, in DC. Prodr., XI, 84. — T. ANDERS., in Journ. Linn. Soc., VII, 21; IX, 455. — B. H., Gen., II, 1075, n. 9.

7. Spec. 6, 7.

8. EX B. H., Gen., II, 1074, n. 7. — Adenosma NEES, in Wall. Pl. as. rar., III, 75; in DC. Prodr., XI, 67 (nec R. BR.). — Synnema BENTH., in DC. Prodr., X, 538.

posticum latius. Corolla 2-labiata, plus minus evidenter torta; labio postico concavo erecto, 2-lobo; antico autem 3-lobo. Stamina 4, didynama v. 2, sub labio postico conniventia; filamentis basi per paria lateralia connatis; antheris oblongis muticis, 2-locularibus, 2-rimosis. Germen complete v. incomplete 2-loculare; styli arcuati lobo postico minuto v. obsoleto. Ovula ∞, 2-seriatim adscendentia. Fructus erostris, 2-valvis; seminibus ∞, compressis; funiculo nunc incrassato. — Herbæ erectæ v. diffusæ; foliis dentatis v. pinnatifidis; floralibus minoribus conformibus v. nnnc integris; floribus in axilla solitariis, 2-bracteolatis v. cymosis 3- ∞. (*Asia et Africa trop.*[1])

25. **Mellera** S. MOORE[2]. — « Sepala 5, linearia obtusa. Corolla 2-labiata, contorta; labii anterioris lobo medio lateralibus latiore et pilis setosis appresse decurvis munito. Stamina 4; filamentis subæqui-longis, basi per paria connatis; antherarum loculis contiguis, basi calcaratis. Germinis loculi 4-ovulati; styli lobo altero subomnino obsoleto. Fructus oblongo-linearis; retinaculis basi dilatatis.—Suffrutex (?); foliis oppositis longe petiolatis lobulatis; inflorescentia terminali spiciformi hirsuta; floribus in axillis bractearum fasciculatis, 2-bracteolatis. (*Africa trop. or.*[3]) »

26. **Petalidium** NEES[4]. — Flores fere *Ruelliæ;* corollæ tubo sensim a basi ampliato; limbi lobis 5, rotundatis. Stamina didynama; antherarum loculis 2, basi mucronatis v. aristatis. Ovula in loculis 2. Stylus apice subulato 2-lobus; lobo postico breviore. Capsula orbiculata, septo parallele compressa; placentis demum solutis. — Frutices inermes; indumento vario; foliis integris v. dentatis; floribus ad axillas foliorum superiorum solitariis, intra bracteolas magnas ovato-acutas reticulatas occlusis. (*India, Africa austr.*[5])

27? **Pseudobarleria** T. ANDERS.[6] — Flores *Petalidii;* sepalis 4[7], liberis v. ima basi connatis; exterioribus 2 majoribus; interioribus

1. Spec. ad 10. ROXB., *Hort. bot. Calc.; Fl. ind.*, III, 52 (*Ruellia*). — WIGHT, *Icon.*, t. 446, 1524(*Adenosma*).—HOOK.,*Icon.*, t. 843 (*Nomaphila*). — BEDD., *Icon. pl. ind. or.*, t. 246 (*Adenosma*). — T. ANDERS., in *Journ. Linn. Soc.*, VII, 21; IX, 454. — C.-B. CLKE, in *Hook. f. Fl. brit. Ind.*, IV, 403.
2. In *Trim. Journ.* (1879), 225, t. 203.
3. Spec. 1. *M. lobulata* S. MOORE.
4. In *Wall. Pl. as. rar.*, III, 75; in *DC.*

Prodr., XI, 114. — B. H., *Gen.*, II, 1081, n. 19 (part.).
5. Spec. 2. T. ANDERS., in *Journ. Linn. Soc.*, VII, 25; IX, 461. — HARV., *Thes. cap.*, t. 143. — C.-B. CLKE, in *Hook. f. Fl. brit. Ind.*, IV, 416. — *Bot. Mag.*, t. 4053.
6. In *Proc. Linn. Soc.*, VII, 15, 26.
7. Spec. 4, 5. ENGL., *Bot. Jahrb.*, X, 67. — SCHINZ, in *Verh. Bot. Ver. Prov. Brandenb.*, XXXI, 197.

autem 2 lateralibus angustis. Fructus breviusculus, a basi ad apicem compressus, acuminatus. — Frutices v. suffrutices ; foliis integris ; floribus in cymas secundas dispositis paucis ; bracteolis 2, majoribus nervatis florem includentibus. (*Africa trop.*)

28. **Phaylopsis** W.[1] — Sepala 5 : antica lateraliaque linearia ; posticum autem magnum foliiforme venosum. Corollæ lobi 5, torti, sinistrorsum obtegentes. Stamina 4, didynama inclusa ; antheris dorsifixis muticis, 2-locularibus. Discus parvus v. 0. Germinis loculi 2-ovulati ; stylus apice subulato inæqui-2-lobulatus. Capsula basi breviter contracta ; placentis basi a valvis solutis. Semina 1-4 ; retinaculis acutis. — Suffrutices v. herbæ, prostrati v. diffusi, nunc divaricato-ramosi ; foliis membranaceis ; spicis simplicibus v. compositis densis ; bracteis sæpe herbaceis venosis. (*Asia et Africa trop.*, *Madagascaria*[2].)

29. **Theileamea** H. Bn[3]. — Sepala 5, basi connata, lineari-lanceolata. Corolla 2-labiata ; lobis 5, tortis. Stamina 4, subdidynama ; antherarum loculis 2, basi discretis acutatis. Discus cupularis. Germinis loculi 2-ovulati ; stylo involuto, apice capitato. Ovula in loculis 2, collateraliter adscendentia. Fructus brevis latusque stipitatus ; seminibus 1-4, orbiculatis compressis marginatis ; retinaculo arcuato acuto. — Folia opposita. Flores in cymas terminales umbelliformes dispositi ; pedicellis compressis anguste alatis ; bracteis 2, orbicularibus foliaceis valvatis, aut florem, aut cymam 3-∞-floram involventibus ; bracteis interioribus alternis 2, angustis. (*Madagascaria*[4].)

30 ? **Zygoruellia** H. Bn[5]. — Flores fere *Theileameæ;* sepalis 5, basi connatis, capitato-pubescentibus, imbricatis. Corolla[6] sub-2-labiata, torta. Stamina 4, subdidynama ; antherarum loculis 2, parallelis muticis, basi divergentibus. Discus cupularis parvus. Germinis loculi 2-ovulati ; stylo arcuato capitato. Ovula in loculis 2,

1. *Spec.*, III, 342. — B. H., *Gen.*, II, 1081, n. 20. — *Micranthus* WENDL., *Obs.*, 38. — *Ætheilema* R. Bn., *Prodr.*, 478.

2. Spec. 5, 6. WIGHT, *Icon.*, t. 1533 (*Ætheilema*). — T. ANDERS., in *Journ. Linn. Soc.*, VII, 26 ; IX, 461. — C.-B. CLKE, in *Hook. f. Fl. brit. Ind.*, IV, 416 — THW., *Enum. pl.*

Zeyl., 225 (*Ætheilema*). — MIQ., *Fl. ind. bat.*, II, 818. — *Bot. Mag.*, t. 2433.

3. In *Bull. Soc. Linn. Par.*, 821.

4. Spec. 1. *T. rupestris* H. Bn. — *Ætheilema rupestris* NEES, in *DC. Prodr.*, XI, 262, 726.

5. In *Bull. Soc. Linn. Par.*, 820.

6. Purpureo-striata.

subbasilaria adscendentia. — Frutex glaber; foliis integris; floribus in cymas pseudo-umbellatas terminales dispositis; pedicellis sub apice bracteas 2, inæqui-rhomboideas florem involucrantes flabellato-nervosas, gerentibus, altiusque bracteolas angustas 6-8, in axillis 1-paucifloras [1]. (*Madagascaria* [2].)

31. Penstemonacanthus NEES[3]. — « Calyx profonde 3-fidus; lacinia una alterave apice 2-fida. Corolla infundibuliformis; tubo recto; faucibus obovatis; limbi laciniis 2 paulo latioribus. Stamina 5; quinto paulo breviore; fertilibus omnibus; antheris linearibus, 2-locularibus, basi sagittatis. Stylus apice stigmatoso lanceolatus, margine supero calliferus. Fructus ovalis, 4-spermus. — Herba; caule simplici, basi repente; foliis superioribus sub floribus confertis; floribus terminalibus oppositis, foliis bractealibus suffultis; bracteolis parvis. (*Brasilia* [4].) »

32. Lankesteria LINDL. [5] — Sepala 5, lineari-subulata, basi connata. Corollæ [6] vix irregularis tubus elongatus tenuis; limbi lobis 5, obtusis subæqualibus. Stamina fertilia 2, antica, exserta ; antheris oblongis muticis ; loculis 2, parallelis. Staminodia juxta filamenta 2 minuta, nunc vix conspicua. Ovula in loculis 1, 2. Stylus apice capitellatus. Capsula ovata v. orbiculata, septo parallele compressa; seminibus 1-4, retinaculis acutis fultis. — Herbæ elatæ; foliis oppositis petiolatis integris; floribus in axillis bractearum ovato-lanceolatarum inflorescentiæ spiciformis v. subglobosæ solitariis v. cymosis paucis. (*Africa trop.* [7])

33. Blechum P. BR. [8] — Flores fere *Ruelliæ ;* sepalis subulatis. Corolla tubo recto v. arcuato, torta. Stamina didynama; filamentis in membranam decurrentem connatis. Stylus subulatus; lobo altero sæpius minuto. Ovula in loculis 3- ∞, adscendentia. Capsula orbicularis v. ovoidea; placentis a valvis elastice solutis. — Herbæ laxe ramosæ v. diffusæ; foliis integris v. dentatis; glomerulis 1-5-floris in

1. Genus et *Thunbergiæ* necnon *Pseudocalyci* affine, ob ovulos adscendentes (nec ventrifixos) hic non sine dubio collocatum.
2. Spec. 1. *Z. Richardi* H. BN.
3. In *Mart. fl. bras.,* IX, 159; in *DC. Prodr.,* XI, 464.
4. Spec. 1. *S. modestus* NEES.
5. *Bot. Reg.* (1845), *Misc.,* 86; (1846), t. 12.

— T. ANDERS., in *Journ. Linn. Soc.,* VII, 15
32. — B. H., *Gen.,* II, 1083, n. 24.
6. Rubræ v. aurantiacæ.
7. Spec. 3. PAL.-BEAUV., *Fl. owar. et ben.,* t. 50 (*Eranthemum*). — *Bot. Mag.,* t. 5533.
8. *Hist. Jam.,* 261. — ENDL., *Gen.,* n. 4091.
— NEES, in *DC. Prodr.,* XI, 463. — B. H., *Gen.,* II, 1082, n. 21.

spicas densas terminales v. subaxillares dispositis; bracteis foliaceis. (*Antillæ*[1].)

34. Dædalacanthus T. ANDERS.[2] — Calyx gamophyllus; lobis 5, brevibus v. angustis subulatis. Corollæ tubus elongatus; limbi obliqui patentis lobi 5, torti. Stamina fertilia 2, antica, sub fauce affixa; filamento utroque cum staminodio minuto laterali decurrente; antherarum oblongarum connectivo crasso; loculis parallelis. Germinis loculi 2, 2-ovulati; ovulis adscendentibus subsuperpositis; styli incurvi lobo altero minuto v. 0. Capsula solido-stipitata, marginibus 2-angulata v. 2-costata; seminibus 1-4; retinaculis acutis. — Frutices v. suffrutices erecti; foliis sæpius integris; spicis densis compositis; floribus 2-bracteolatis[3]. (*Asia et Oceania trop.*[4])

35. Strobilanthes BL.[5] — Calyx 5-fidus v. partitus. Corollæ tubus rectus v. arcuatus, superne v. longe ampliatus; limbi patentis lobis 5, tortis. Stamina 2-4; posticis minoribus rudimentariis v. 0; filamentis inter se linea v. membrana connexis. Discus plus minus conspicuus. Stylus apice subsimplex; lobo altero minuto v. 0. Ovula in loculis plerumque 2-4, e funiculo brevi adscendentia. Capsula a basi v. fere a basi 2-locularis; seminibus 1-4; retinaculis acutis v. subclavatis. — Herbæ v. frutices; foliis oppositis, nunc disparibus v. spurie alternis; floribus[6] ad axillas bractearum spicarum solitariis, plerumque sessilibus, 2-bracteolatis[7]. (*Asia et Oceania calid.*[8])

1. Spec. ad 4. J., in *Ann. Mus.*, IX, t. 21. — GRISEB., *Fl. brit. W.-Ind.*, 452. — HEMSL., *Bot. centr.-amer.*, II, 508. — OERST., in *Vid. Med t. Nat. For. Kjob.* (1854), 167. — WALP., *Ann.*, V, 665.

2. In *Journ. Linn. Soc.*, IX, 444, 485. — B. H., *Gen.*, II, 1082, n. 23. — *Eranthemum* RAULKF., in *Sitz. K. Acad. Mun.* (1883), 282.

3. Affinitas cum *Strobilanthe* manifesta.

4. Spec. 13, 14. ROXB., *Pl. corom.*, t. 176, 177. — VENT., *Jard. Cels*, t. 46 (*Ruellia*). — NEES, in *DC. Prodr.*, XI, 445 (*Eranthemi* sect.). — WIGHT, *Icon.*, t. 466. — ANDR., *Bot. Repos.*, t. 88. — C.-B. CLKE, in *Hook. f. Fl. brit. Ind.*, IV, 417. — *Bot. Reg.*, t. 867. — *Bot. Mag.*, t. 1358, 3068, 4031 (*Eranthemum*), 6686.

5. *Bijdr.*, 781, 796. — ENDL., *Gen.*, n. 4053. — NEES, in *DC. Prodr.*, XI, 177. — B. H., *Gen.*, II, 1086, n. 37. — *Endopogon* NEES, in *Wall. pl. as. rar.*, III, 76; in *DC. Prodr.*, XI, 103. — *Leptacanthus* NEES, *loc. cit.*, 75, 169. — *Phlebophyllum* NEES, *loc. cit.*, 75, 102. — *Gutzlaffia* HANCE, in *Hook. Kew Journ.*, I, 142.

— *Adenacanthus* NEES, *loc. cit.*, 75, 195. — *Butercea* NEES, *loc. cit.*, 75, 196. — *Triænanthus* NEES, in *DC. Prodr.*, XI, 169 — *Mackenziea* NEES, in *DC. Prodr.*, XI, 308.

6. Albis, cæruleis, violaceis v. raro flavis.

7. *Stenosiphonium* NEES, in *Wall. Pl. as. rar.*, III, 75; in *DC. Prodr.*, XI, 105. — T. ANDERS., in *Journ. Linn. Soc.*, IX, 463. — B. H., *Gen.*, II, 1086, n. 36, a *Strobilanthe* distinguitur ovulis, ut aiunt, plusquam 2. In speciebus nihilominus paucis loculos 2-ovulatos vidimus. Habitus sæpe omnino *Strobilanthium* genuinorum et inflorescentia eadem.

8. Spec. ad 150. WALL., *Pl. as. rar.*, t. 31, 250 (*Ruellia*), 295. — MIQ., *Fl. ind. bat.*, III, 795; in *Ann. Mus. lugd.-bat.*, II, 124. — HOOK., *Exot. Fl.*, t. 191 (*Ruellia*). — WIGHT, *Icon.*, t. 448 (*Phlebophyllum*), 1497-1501, 1521 (*Endopogon*), 1507 (*Leptacanthus*), 1508-1510, 1522 (*Goldfussia*), 1563 (*Ruellia*); 1511-1520, 1528; 1619; 873, 1502, 1503 (*Stenosiphonium*). — THW., *Enum. pl. Zeyl.*, 225 (*Stenosiphonium*), 226. — MIQ., *Fl. ind. bat.*, II, 784 (*Stenosiphonium*),

36. **Æchmanthera** NEES[1]. — Flores *Ruelliæ* (v. *Strobilanthis*); antheris 4, apice acuminatis in mucronem productis. Ovula in loculis 4-6, adscendentia. — Frutex; foliis dentatis; floribus in axillis spicæ plus minus composito-ramosæ bractearum solitariis v. cymosis paucis confertis. (*India mont.*[2])

37? **Hemigraphis** NEES[3]. — Flores fere *Strobilanthis* (v. *Ruelliæ*); sepalis linearibus liberis v. basi connatis. Stamina didynama inter se et nunc cum staminodio parvo connata. Stylus apice valde inæqui-2-lobus. Germinis loculi 3- ∞-ovulati. Fructus linearis; seminibus 3- ∞, compressis hirtis; retinaculis acutis. — Herbæ diffusæ v. prostratæ, rarius erectæ; foliis integris v. dentatis; spicis brevibus; bracteis sæpe foliaceis, 1, 2-floris. (*Asia et Oceania trop.*[4])

38. **Endosiphon** T. ANDERS.[5] — Sepala 5, linearia. Corollæ tubus elongatus, superne flexuosus; limbus explanatus, 5-fidus; lobis obtusis patentibus. Stamina didynama inclusa; filamentis brevibus; antherarum oblongarum loculis discretis parallelis. Discus tenuis. Germinis loculi 6-8-ovulati; stylo gracili. Fructus...? — Herba erecta subsimplex hirsuta; foliis oppositis, in pari varie inæqualibus; altero nunc minimo; floribus ad axillas superiores solitariis; bracteis minimis v. 0. (*Africa trop. occid.*[6])

39. **Satanocrater** SCHWEINF.[7] — Sepala 5, in tubum conniventia reduplicata. Corollæ tubus longe cylindraceus, ad faucem ampliatus; limbi subæqualis lobis 5, tortis. Stamina didynama, ad faucis basin affixa inclusa; antherarum oblongarum loculis 2, parallelis muticis. Ovula in loculis 2; styli apice recurvi dente postico minuto. Fructus calyce inclusus oblongo-linearis; seminibus compressis rugulosis; retinaculis crassis. — Herba biennis erecta, scabrella v. gla-

794. — FR. et SAV., *En. pl. jap.*, J, 356. — C.-B. CLKE, in *Hook. f. Fl. brit. Ind.*, IV, 426. — BEDD., *Ic. pl. ind. or.*, t. 196-225, 259-262. — MAUND, *Bot.*, t. 155, 244 (*Goldfussia*), 208. — KURZ, in *Journ. As. Soc. Beng.*, XL, 74. — *Bot. Reg.*, t. 955, 1238 (*Ruellia*); (1841), t. 32. — *Bot. Mag.*, t. 3404, 3881, 4363, 4767, 5119 (*Goldfussia*), 3517, 3902, 4366. — WALP., *Ann.*, III, 217.

1. In *Wall. Pl. as. rar.*, III, 75; in *DC. Prodr.*, XI, 170. — B. H., *Gen.*, II, 1088, n. 38.
2. Spec. 2. NEES, in *Wall. Pl. as. rar.*, 87. — C.-B. CLKE, in *Hook. f. Fl. brit. Ind.*, IV, 428.

3. In *DC. Prodr.*, XI, 722. — T. ANDERS., in *Journ. Linn. Soc.*, IX, 461. — B. H., *Gen.*, II, 1086, n. 35.
4. Spec. ad 20. VAHL, *Symb.*, t. 67 (*Ruellia*). — ROTH, *Nov. pl. sp.*, 307 (*Ruellia*). — NEES, *loc. cit.*, 144 (*Ruellia*). — WIGHT, *Icon.*, t. 1504. — MAUND, *Bot.*, t. 177. — C.-B. CLKE, in *Hook. f. Fl. brit. Ind.*, IV, 422. — *Bot. Mag.*, t. 3389 (*Ruellia*). — WALP., *Ann.*, III, 215.
5. B. H., *Gen.*, II, 1085, n. 34.
6. Spec. 2. *E. primuloides* T. ANDERS.
7. In *Verh. Zool. Bot. Ges. Wien*, XVIII, 676. — B. H., *Gen.*, II, 1085, n. 32.

brata; foliis integris; floribus axillaribus solitariis, lineari-bracteolatis. (*Africa trop. or.* [1])

40. **Physacanthus** BENTH. [2] — Flores fere *Satanocrateris;* calyce oblongo-inflato membranaceo, 5-angulato oreque contracto breviter 5-fido. Corollæ tubus tenuis elongatus, sub apice inflexus parumque ampliatus; limbo explanato, 5-fido. Stamina didynama inclusa; antheris oblongis, 1-locularibus, apice pilis subdilatatis ciliatis munitis. Discus brevis. Germinis loculi 3, 4-ovulati; stylo gracili, apice leviter dilatato integro. Fructus oblongo-linearis, calyce inclusus; seminibus paucis retinaculo fultis. — Herbæ erectæ subsimplices hirsutæ; foliis amplis; floribus[3] ad apicem caulis 3-5-nis; bracteolis brevibus linearibus. (*Africa trop. occid.* [4])

41. **Sautiera** DCNE[5]. — Calycis tubulosi dentes 5 lineari-setacei. Corollæ[6] tubus superne ampliatus; limbus longe 2-labiatus. Stamina didynama, sub labio postico affixa; filamentis basi inter se et cum staminodio minuto in membranam postice adnatam decurrentem connatis. — Suffrutex puberulus; foliis oppositis; glomerulis axillaribus v. in spicam foliatam confertis. (*Timor*[7].)

42. **Calacanthus** T. ANDERS. [8] — Sepala 5, inæqualia; interiora angustiora. Corolla 2-labiata, torta; labio postico angusto, 2-fido. Stamina didynama, inter se et cum staminodio minimo basi connexa; antheris fertilium muticis ciliatis, 2-locularibus. Germinis crasse stipitati vix disciferi loculi 2-ovulati; styli ramo altero tenui revoluto; altero abortivo. Fructus elongatus; seminibus 1-4, pilosis, retinaculo fultis. — Suffrutex; foliis integris amplis; floribus[9] in axilla bractearum ovato-lanceolatarum spicæ terminalis solitariis. (*India or.* [10])

43. **Whitfieldia** HOOK. [11] — Sepala 5, membranacea colorata; præfloratione leviter imbricata. Corolla cylindracea, nunc leviter

---

1. Spec. 1. *S. fellatensis* SCHWEINF.
2. *Gen.*, II, 1085, n. 33.
3. Albis, magnis.
4. Spec. 2.
5. *Herb. timor.*, 55. — B. H., *Gen.*, II, 1088, n. 40.
6. Purpurascentis, mediocris.
7. Spec. 1. *S. tinctorum* DCNE. — *S. Decaisnii* NEES, in *DC. Prodr.*, IX, 98.

8. B. H., *Gen.*, II, 1088, n. 39.
9. Purpureis, majusculis.
10. Spec. 1. *C. grandiflorus.* — *C. Dalzelliana* T. ANDERS. — C.-B. CLKE, in *Hook. f. Fl. Ind.*, IV, 478. — *Lepidagathis grandiflora* DALZ. — BEDD., *Ic. pl. ind. or.*, t. 226.
11. *Bot. Mag.*, t. 4155. — NEES, in *DC. Prodr.*, XI, 220, n. 57. — B. H., *Gen.*, II, 1085, n. 31.

incurva basique subventricosa; lobis 5, parum inæqualibus; præfloratione torta. Stamina 4, vix 2-dynama; filamentis basi barbatis;
antherarum loculis marginalibus, ob connectivum induplicatum
parallelis contiguis, introrsum rimosis. Germen basi disco crasso cinctum; stylo gracili summo apice obtuso brevissime 2-lobo. Ovula in
loculis 2, adscendentia, nunc inæqualia. Fructus fere *Ruelliæ*. —
Frutices plerumque glabri; foliis oppositis; floribus ad bracteas oppositas axillaribus terminali-racemosis; bracteolis sub flore 2, sepalis
concoloribus. (*Africa trop.*[1])

44. Stylarthropus H. Bn[2]. — Flores fere *Whitfieldiæ*; sepalis 5,
petaloideis imbricatis. Corolla[3] subregularis, infundibulari-tubu-
losa; lobis 5, brevibus tortis. Stamina didynama inclusa; antheris
muticis; loculis parallelis discretis. Germen stipitatum; stipite inferne
in discum orbicularem nunc 5-lobum dilatato. Stylus in summo
germine articulatus ibique hinc in gibbum v. calcar productus;
apice tubuloso lobulos 2 stigmatiferos obtusos septales circumcin-
gente. Ovula in loculis 2. Fructus stipitatus compressus; seminibus
orbicularibus; retinaculis acutis. — Frutices glabri; foliis lanceolatis integris; floribus in racemos composite cymigeros terminales et
ad folia suprema axillares dispositis; bracteolis 2, ovatis alabastra
involventibus membranaceis. (*Africa trop. occid.*[4])

IV. BRILLANTAISIEÆ.

45. Brillantaisia Pal.-Beauv. — Sepala 5, ima basi connata,
linearia, v. 1-3 majora nunc subspathulata. Corolla 2-labiata; labiis
subvalvatis v. lobis labii inferioris induplicatis v. leviter imbricatis.
Stamina fauci affixa, quorum perfecta 2, antheris dorsifixis 2-locula-
ribus donata, sub galea corollæ arcuata; antica autem 2 ad staminodia filiformia, fertilibus juxtaposita et nunc in antheram rudi-
mentariam transversam dilatata, reducta. Ovula in loculis 10-∞.
Stylus apice recurvus; dente postico minuto. Capsula elongato-linearis,
2-sulca, a basi 2-locularis; seminibus ∞, adscendentibus, retinaculo

---

1. Spec. 2, 3. Pal.-Beauv., *Fl. owar. et ben.*, t. 26 (*Ruellia*). — T. Anders., in *Journ. Linn. Soc.*, VII, 27.

2. In *Bull. Soc. Linn. Par.*, 822.
3. Longitudinaliter purpureo-striatis.
4. Spec. 3. H. Bn, *loc. cit.*

fultis. — Herbæ elatæ; foliis oppositis petiolatis; floribus in racemos compositos terminales amplos cymigeros dispositis ; bracteis oppositis angustis, v. inferioribus foliaceis. (*Africa trop., Madagascaria.*) — *Vid. p.* 410.

V. ACANTHEÆ.

46. Acanthus T. — Flores irregulares; calyce 2-labiato; labio antico sæpius 2-dentato; sepalis interioribus 2, lateralibus multo minoribus. Corollæ tubus brevis subcampanulatus sæpe cartilagineo-crassus; limbo postice a basi fisso et antice in labium 3-5-lobum expanso. Stamina didynama, fauci affixa; filamentis rigidis, rectis v. arcuatis; antheris conniventibus dorsifixis longitudinaliter barbatis, 1-locularibus. Germen 2-loculare; loculis 2-ovulatis ; ovulis adscendentibus compressis; micropyle lateraliter infera; stylo apice brevissime lateraliterque 2-lobo. Fructus capsularis ovoideus v. oblongus coriaceus. Semina 1-4, lævia v. papillosa, inferne retinaculo arcuato fulta; embryonis carnosi radicula infera. — Herbæ v. frutices; foliis basilaribus v. oppositis, sinuatis, dentatis v. pinnatifidis; dentibus sæpe spinescentibus; floribus in axillis bractearum oppositarum v. alternarum solitariis, 2-bracteolatis, in spicas terminales densas v. interruptas dispositis. (*Orbis veteris reg. calid.*) — *Vid. p.* 412.

47. Acanthopsis HARV.[1] — Flores fere *Acanthi;* sepalis antico posticoque latis; antico 6-10-nervi; postico 7-11-nervi. Corollæ tubus longiusculus, supra germen constrictus. Stamina 4, fertilia; antheris 1-locularibus ciliatis. — Herbæ humiles v. subacaules (carduaceæ) ; foliis basilaribus v. oppositis; floribus dense spicatis; bracteis imbricatis incisis spinoso-dentatis. (*Africa trop. et austr.*[2])

48. Blepharis J.[3] — Flores *Acanthi;* sepalis 4; antico 2-4-nervi; postico 3-nervi ; lateralibus exterioribus latioribus. Corollæ tubus

----

1. In *Hook. Lond. Journ.*, I, 28. — NEES, in *DC. Prodr.*, XI, 278. — B. H., *Gen.*, II, 1089, n. 43.
2. Spec. 2, 3.
3. *Gen.*, 103. — NEES, in *DC. Prodr.*, XI,

265. — ENDL., *Gen.*, n. 4068. — T. ANDERS., in *Journ. Linn. Soc.*, VII, 34; IX, 499. — B. H., *Gen.*, II, 1089, n. 42. — *Acanthodium* DEL., *Fl. Eg.*, 97, t. 33. — NEES, *loc. cit.*, 273. — *Blepharacanthus* NEES, in *Lindl. Introd.*, ed. 2, 444.

subglobosus v. ovoideus, hinc superne truncatus. Stamina 4; anticorum filamentis ultra antheræ insertionem productis. Germinis
loculi 1, 2, 2-ovulati. — Herbæ v. frutices ramosi v. diffusi, nunc
nani ; foliis oppositis, aut membranaceis, aut rigidis et spinoso-dentatis ; floribus[1] axillaribus solitariis v. ad apices ramorum dense spicatis. (*India, Africa trop. et austr.*[2])

49. **Trichacanthus** ZOLL.[3] — Flores fere *Blephareos;* sepalis 4,
liberis : antico posticoque majoribus obtusis, 3-nervibus ; lateralibus
interioribus lanceolatis. Corolla[4] *Acanthi;* limbi labio reflexo, 3-lobo.
Stamina subdidynama ; posticorum filamentis subulatis arcuatis ;
anticorum obtusis crassioribus, sub apice in dentem lateralem an-
theriferum productis ; antheris omnibus compressis, 1-locularibus
barbato-ciliatis. Discus obtusus. Ovula in loculis 1. Capsula cartila-
ginea ; seminibus 2, adscendentibus compressis pilosis ; retinaculo
tenui. — Herba repens ; foliis spathulatis in ramulis lateralibus brevibus oppositis paucis, mox in bracteas scariosas 4-fariam imbrica-
tas sub flore terminali insertas et in sepala gradatim abeuntibus.
(*Java*[5].)

50? **Sclerochiton** HARV.[6] — Sepala 5, rigida parum inæqualia,
arcte imbricata. Corollæ tubus brevis, intus strato carnosulo pilisque
retrorsis duplicatus ; limbo postice fisso, imbricato et in labium anticum
5-lobum expanso. Stamina 4, didynama v. parum inæqualia, supra
tubi stratum affixa ; filamentis compressis hinc marginatis ; antheris dorsifixis, 1-locularibus, 1-rimosis, muticis v. antice mucronulatis. Germinis loculi 2-ovulati ; stylo apice tenui v. brevissime 2-lobo.
Capsula dura oblonga, 1-4-sperma ; retinaculis brevibus. — Frutices
glabri ; foliis oppositis integris ; floribus[7] axillaribus solitariis v. terminalibus paucis subsessilibus ; bracteis bracteolisque calyce brevioribus integris. (*Africa trop. et austr.*[8])

1. Plerumque cæruleis, mediocribus v. plerumque parvis.
2. Spec. ad 20. WIGHT, *Icon.*, t. 458, 1534;
1535, 1536 (*Acanthodium*). — KL., in *Pet. Moss.,
Bot.*, 211, t. 33. — S. LE M. MOORE, *Alab.*, VI,
ex *Journ. Bot.* (1877). — THW., *En. pl. Zeyl.*,
231. — C.-B. CLKE, in *Hook. f. Fl. brit. Ind.*,
IV, 478. — BALF. F., *Bot. Soc.*, 211, t. 66. —
ENGL., *Bot. Jahrb.*, X, 69. — BOISS., *Fl. or.*, IV,
520.
3. In *Nat. en Geneesk. Arch.*, II, 752. —

MIQ., *Fl. ind. bat.*, II, 819. — B. H., *Gen.*,
1089, n. 41.
4. « Cærulea. »
5. Spec. 1. *T. exiguus* ZOLL. — *Blepharis able-
phara* NEES. An congen. *B. boerhaaviæfolia* J.?
6. In *Hook. Lond. Journ.*, I, 27 ; *Thes. cap.*,
t. 145. — B. H., *Gen.*, II, 1030, n. 45. — *Isa-
canthus* NEES, in *DC. Prodr.*, XI, 278.
7. Albis v. pallide violaceis.
8. Spec. 2. *T. ANDERS.*, in *Journ. Linn. Soc.*,
VII, 37. — NEES, *loc. cit.*, 279.

VI. JUSTICIEÆ.

51. Justicia L. — Flores irregulares; calycis foliolis 5, subliberis v. plus minus connatis; anticis 2 lateralibusque 2 plerumque vix v. parum inæqualibus, sæpius ante anthesin nequidem demum contiguis, rarius imbricatis postico nunc minore v. 0. Corollæ tubus limbo æqualis v. brevior, nunc paulo longior, rectus v. arcuatus, plus minus longe ampliatus, nunc sub fauce constrictus; limbo 2-labiato; labio postico interiore concavo, integro v. 2-fido; antico autem 3-fido; lobo medio extimo. Stamina 2, fauci affixa; filamentis basi varie incrassatis v. pilosulis; antherarum loculis 2, discretis : altero altius affixo, inferne mutico; altero autem basi calcare plus minus elongato appendiculato; v. rarissime (*Strobilostachys*) antherarum loculo utroque inferne mucronato; alterius mucrone apice in sphærulam dilatato. Discus varius plus minus crassus v. carnosus, integer, sinuatus, lateraliter 2-lobus, v. æqui-v. in æqui-5-lobus. Germen 2-loculare; ovulis in loculo 2, adscendentibus; micropyle infera. Stylus gracilis, apice integer v. breviter 2-dentatus. Capsula varia, basi in stipitem solidum contracta. Semina 1-4, plerumque compressa, lævia, rugosa v. foveolata, nunc muricata, retinaculis arcuatis acutis v. truncatis fulta; embryone exalbuminoso carnoso. — Herbæ v. frutices; habitu vario; foliis oppositis integris; floribus in spicas simplices v. ramosas, terminales v. axillares, dispositis, bracteatis et bracteolatis. (*Orbis utriusq. reg. calid.*) — *Vid. p.* 414.

52? Somalia OLIV. [1] — Flores *Justiciæ;* sepalis 4, basi connatis, elongatis, inæqualibus; postico majore. Corolla 2-labiata; tubo subrecto, apice leviter amplato; limbi 2-labiati labio postico concaviusculo intimo, integro v. plus minus profunde 2-fido; antici 3-fidi lobo medio lateralibus subæquali v. angustiore intimo. Stamina fertilia; antheris ellipsoideis; loculis æqualibus muticis. Germinis loculi 1-ovulati. Capsula crasse stipitata cæteraque *Justiciæ.* — Herbæ v. suffrutices diffusi; foliis oppositis lineari-oblongis; floribus[2] axillaribus paucis cymosis v. solitariis subsessilibus, 2-bracteolatis. (*Africa trop. or.*[3])

---

1. In *Hook. Icon.*, t. 1528.
2. « Albis », parvis.

3. Spec. 1, 2. Genus *Justiciæ* quam maxime affine; germine 2-ovulato. An potius sectio?

53? Trichocalyx BALF. F.[1] — Flores fere *Justiciæ*[2]; sepalis 5, anguste linearibus. Corolla 2-labiata[3]. Stamina 2; antherarum loculis discretis, inæqui-alte affixis; altero inferiore v. utroque basi calcarato. Capsula solide stipitata. — Fruticuli; foliis integris crassiusculis; floribus[4] in cymas densas axillares congestis; bracteolis sepalis similibus. (*Socotora*[5].)

54? Siphonoglossa ŒRST.[6] — Flores fere *Justiciæ*[7]; sepalis 4, 5, linearibus v. lanceolatis. Corollæ tubus anguste cylindraceus; limbo patente 2-labiato; labio antico 2-lobo; postico autem 3-lobo. Stamina 2 (*Justiciæ*); loculo altero v. utroque inferne calcarato. Discus tenuis. Germinis loculi 2-ovulati; stylo apice capitellato v. breviter 2-labiato. Capsula basi in stipitem solidum contracta. — Suffrutices humiles pubescentes; foliis brevibus integris; floribus axillaribus solitariis subsessilibus. (*Mexicum, Texas, Antillæ*[8].)

55. Ancalanthus BALF. F.[9] — « Sepala 5, subæqualia lanceolata, 3–5-nervia. Corolla 2-labiata; labio postico truncato-eroso revoluto; antici lobis 3 linearibus revolutis. Stamina 2; antheris oblongis sagittatis; loculis 2, æqualibus muticis. Discus inconspicuus. Germinis loculi 2-ovulati; stylo gracili, apice breviter 2-lobo. — Frutex; foliis subintegris; floribus[10] in spicas longissimas axillares v. terminales dispositis; bracteis minutis ovatis. (*Socotora*[11].) »

56? Ballochia BALF. F.[12] — Flores fere *Justiciæ*; sepalis 5, subæqualibus angustis. Corolla 2-labiata. Stamina fertilia 2; antheris dorsifixis muticis, 1-locularibus. Staminodia 2, parva uncinata. Discus pulvinatus. Germinis loculi 2-ovulati; stylo apice brevissime 2-fido v. obtuso. Fructus solide stipitatus. — Frutices rigidi; foliis parvis crassis; floribus[13] in axillis solitariis v. cymosis paucis; bracteis minimis angustis. (*Socotora*[14].)

1. In *Proc. Roy. Soc. Edinb.*, XII, 87; *Bot. Socot.*, 221, t. 73.
2. Cujus potius sectio?
3. Gibbis pilosis 2, ab extero ad imum tubum intrusis.
4. Sordide purpureis.
5. Spec. 2.
6. In *Vid. Medd. Nat. For. Kjøb.* (1854), 159. — B. H., *Gen.*, II, 1110, n. 94.
7. Cujus forte sectio (?), genus cum *Dianthera* connectens.
8. Spec. 4, 5. TORR., *Bot. Emor. Exped.*,

124. — HEMSL., *Bot. centr.-amer.*, II, 516. — A. GRAY, *Syn. Fl. N.-Amer.*, II, I, 328. Species quoque indicatur austro-africana, quæ *Adhatoda tubulosa* NEES.
9. In *Proc. Roy. Soc. Edinb.*, XII, 88; *Bot. Socot.*, 224, t. 76.
10. « Flammeo-flavis. »
11. Spec. 1. *A. paucifolius* BALF. F.
12. In *Proc. Roy. Soc. Edinb.*, XII, 86; *Bot. Soc.*, 217, t. 71, 72.
13. Flavidis v. flammeo-flavis.
14. Spec. 3.

57. Beloperone NEES[1]. — Flores[2] *Justiciæ;* sepalis 5, imbricatis. Corolla bilabiata; labio antico in æstivatione extimo; tubo plerumque elongato, superne leviter ampliato, nunc breviore superneque magis ampliato. Stamina 2; antherarum loculis discretis; altero altius affixo mutico; altero inferiore, basi plus minus calcarato v. submutico. Discus varius. Stylus gracilis, apice minute 2-lobus. Capsula solide stipitata; seminibus 1-4, crassis v. subglobosis, plerumque glabris; retinaculis longis. — Frutices; foliis integris; cymis axillaribus v. sæpius in racemum compositum nunc contractum dispositis; bracteis bracteolisque herbaceis plerumque angustis. (*America trop. utraque*[3].)

58. Schwabea ENDL.[4] — Sepala 5, elongata angusta, margine longe ciliata, ima basi connata[5]. Corollæ tubus brevis; limbi inflati subgibbi labiis 2 : postico tenuiore 2-lobo; antico extimo concavo, 3-lobo. Stamina 2, fauci affixa; filamentis arcuatis; antherarum loculis inæqualibus : altero majore calcarato; altero autem minore (v. sterili?) altius inserto antico. Discus obtuse 2-5-dentatus. Germen 2-loculare; stylo arcuato, apice subintegro. Ovula in loculis 2, adscendentia; superiore cito abortiente. Capsula breviter stipitata; seminibus 1, 2, subreniformibus, « margine penicillatis ». — Herbæ erectæ; foliis integris; floribus axillaribus solitariis subsessilibus; bracteolis cum sepalis conformibus. (*Africa trop.*[6])

59. Synchoriste H. BN. — Flores fere *Justiciæ;* sepalis 5, linearibus longe ciliatis; postico majore. Corolla 2-labiata imbricata[7]. Stamina didynama; antherarum loculis distinctis muticis. Discus cupularis. Germinis loculi 2-ovulati. « Capsulæ valvæ dorso incrassatæ fungosæ; seminibus 4, apice cristato marginatis. » — Frutex humi-

---

1. In *Wall. Pl. as. rar.,* III, 76 ; in *DC. Prodr.,* XI, 413. — ENDL., *Gen.,* n. 4082. — B. H., *Gen.,* II, 1110, n. 95. — *Simonisia* NEES, in *Mart. Fl. bras.,* IX, 144; in *DC. Prodr.,* XI, 412. — *Beloperonoides* OERST., in *Vid. Medd. Nat. For. Kjob.* (1854), 162. — *Kustera* REG., *Gartenfl.,* VI, 345.
2. Nunc speciosæ.
3. Spec. ad 25. JACQ. F., *Ecl.,* t. 12, 102 (*Justicia*). — LAMK, *Ill. gen.,* I, 39 (*Justicia*). — R. et PAV., *Fl. per. et chil.,* t. 11, fig. a (*Dianthera*). — GRISEB., *Fl. brit. W.-Ind.,* 456. — NEES, *loc. cit.,* 135, t. 22. — HEMSL., *Bot.*

centr.-amer., II, 516. — A. GRAY, *Syn. Fl. N.-Amer.,* II, I, 329. — BRANDEZ., in *Proc. Calif. Acad.,* ser. 2, II, 193. — *Bot. Mag.,* t. 4468 (*Cyrtanthera*), 5244.
4. *Nov. st. Dec.,* 81 ; *Gen.,* n. 4072[2]. — NEES, in *DC. Prodr.,* XI, 383. — T. ANDERS., in *Journ. Linn. Soc.,* VII, 45. — B. H., *Gen.,* II, 1108, n. 92. — *Pogonospermum* HOCHST., in *Flora* (1844), Beil. 5.
5. Sub fructu carnosula.
6. Spec. 2. JACQ., *H. vindob.,* t. 104 (*Justicia*).
7. Tubo sub androcæo reverse piloso.

lis pubescens; caule simplici; foliis oppositis lanceolatis; floribus axillaribus glomerulatis. (*Madagascaria*[1].)

60? **Podorungia** H. Bn. — Flores fere *Synchoristis;* calyce subæquali-5-partito subnudo. Corolla 2-labiata imbricata. Stamina 2-dynama; antheris sagittatis. Germinis loculi 2-ovulati. — Frutex; foliis lanceolatis cæterisque *Synchoristis;* floribus axillaribus in summo pedunculo gracili cymosis; bracteis foliaceis oppositis incisis. (*Madagascaria*[2].)

61. **Isoglossa** Œrst.[3] — Flores fere *Justiciæ;* sepalis lineari-setaceis. Corolla 2-labiata; labio postico integro v. 2-lobato; lateralibus sæpius induplicato-replicatis rugosis. Stamina 2; antheris 2-locularibus; loculis muticis disjunctis plus minus obliquis. Stylus apice subinteger. — Herbæ v. suffrutices varie induti; foliis integris; inflorescentia spicata simplici v. composita; floribus in axillis bractearum herbacearum v. foliacearum, nunc minimarum, solitariis v. cymosis paucis. (*Africa trop. et austr., Madagascaria*[4].)

62. **Populina** H. Bn. — Sepala 5, lanceolata, ima basi connata, utrinque puberula. Corollæ tubus brevis[5]; lobis 4, multo longioribus acutis vix imbricatis v. demum valvatis. Stamina 2; antheris sagittatis; loculis inferne divergentibus. Discus cupularis. Germinis loculi 2-ovulati; stylo apice obtuso. — Frutex glaber; ramis dichotomis; foliis petiolatis obcordatis (populneis), basi valde inæqualibus, hinc subauriculato-aliformibus, acuminatis; floribus in racemos terminales cymigeros dispositis; bracteis 1, 2-floris oppositis orbiculatis; bracteolis linearibus. (*Madagascaria*[6].)

63? **Anisotes** Nees[7]. — Flores fere *Justiciæ*[8]; calycis segmentis lineari-lanceolatis sæpe brevibus. Corolla longe 2-labiata; labiis angustis sæpius longis. Antheræ breviter mucronatæ v. muticæ. Cætera *Beloperonis* (v. *Justiciæ*). — Frutices; foliis integris; floribus[9] ter-

---

1. Spec. 1. *S. rufopila* H. Bn. — *Dyschoriste rufopila* Bvn, herb.
2. Spec. 1. *P. Lantzei* H. Bn.
3. In *Vid. Medd. Nat. For. Kjob.* (1854), 55. — B. H., *Gen.*, II, 1111, n. 96. — *Ecteinanthus* T. Anders., in *Journ. Linn. Soc.*, VII, 45.
4. Spec. 8-10. Nees, in *DC. Prodr.*, XI, 511, n. 2 (*Clinacanthus*).

5. Demum forte cum stylo elongatus et incurvus.
6. Spec. 1. *P. Richardi* H. Bn.
7. In *DC. Prodr.*, XI, 424 (non Lindl.). — B. H., *Gen.*, II, 1111, n. 97.
8. Cujus potius sectio?
9. Rubris v. coccineis, mediocribus v. majusculis speciosis.

minalibus v. ad axillas superiores cymosis paucis, sæpe subsessilibus; bracteis sepalis subsimilibus cymas involucrantibus. (*Arabia, Africa trop. or. cont. et insul.*[1])

64. **Forcipella** H. BN. — Sepala 5, basi connata acuta capitato-glandulosa. Corolla[2] 2-labiata imbricata; lobis 5, inæqualibus. Stamina didynama; antherarum loculis 2, compressis parallelis induplicatis. Discus alte cupularis. Germinis loculi 2-ovulati; stylo apice obtuse dilatato, breviter 2-lobo. — Frutex? glaber; foliis (junioribus) oppositis ovatis petiolatis; floribus in summis ramulis cymosis paucis; bracteolis 2, oblongo-obovatis, apice rotundato emarginatis, basi conniventibus valvatis floremque involucrantibus[3]. (*Madagascaria*[4].)

65. **Adhatoda** NEES[5]. — Flores fere *Justiciæ;* sepalis 5, inæqualibus sublanceolatis; anticis 2 plerumque majoribus imbricatis v. subvalvatis. Corollæ tubus brevis latusque; labia ampla; antico trilobo posticum concavum integrum v. emarginatum involvente; palato convexo sæpe rugoso maculato. Stamina 2, antica; antherarum loculo altero altius affixo; utroque v. inferiore basi acutiusculo v. obscure mucronato. Discus cupularis continuus. Germen a latere compressum; stylo arcuato, apice obtuso foveolato. Ovula in loculis 2, adscendentia compressa. Fructus oblongo-clavatus cæteraque *Justiciæ.* — Frutices glabri v. pube varia obsiti; foliis oppositis integris; floribus in spicas v. racemos terminales et axillares dispositis; bracteis oppositis et bracteolis lateralibus herbaceis. (*Asia trop., Africa trop. et austr., America trop.*[6])

66? **Spathacanthus** H. BN. — Calyx membranaceus valvatus, hinc fissus spathaceus. Corolla inæqui-2-labiata, imbricata; tubo valde incurvo. Stamina 4, didynama; antherarum loculis parallelis conduplicatis rimosis. Discus annularis. Germinis loculi 2-ovulati; stylo apice obtuso. — Frutex (?) glaber; foliis petiolatis late lanceolatis; floribus[7] in ramulo terminali paucis. (*Mexicum*[8].)

---

1. Spec. ad 3. FORSK., *Fl. æg.-arab.*, 7 (*Dianthera*). — VAHL, *Symb.*, II, 19 (*Justicia*). — BALF. F., *Bot. Socot.*, 223, t. 74. — OLIV., in *Hook. Icon.*, t. 1527.

2. 15-nervis.

3. Forcipis more.

4. Spec. 1. *F. madagascariensis* H. BN.

5. In *Wall. Pl. as. rar.*, III, 102 (part.). —

B. H., *Gen.*, II, 1112, n. 98. — *Duvernoia* E. MEY. — NEES, in *DC. Prodr.*, XI, 322.

6. Spec., 6, 7. C.-B. CLKE, in *Hook. f. Fl. brit. Ind.*, IV, 540. — MIQ., *Fl. ind. bat.*, II, 828 (part.). — NEES, in *Mart. Fl. bras.*, IX, 147, t. 25. — *Bot. Mag.*, t. 861 (*Justicia*).

7. Majusculis.

8. Spec. 1. *S. Hahnianus* H. BN.

67. Rhinacanthus Nees[1]. — Flores fere *Adhatodæ;* corollæ tubo longe cylindraceo ; labio postico angusto intimo ; antici patentis lobo medio extimo. Stamina 2 ; antherarum loculis plerumque brevibus, connectivo varie dilatato sejunctis, plerumque subsuperpositis. Discus cupularis, nunc minimus. Capsula stipitata, 1-4-sperma. — Frutices, nunc subscandentes; foliis oppositis integris; cymis axillaribus v. secus ramos inflorescentiæ terminalis dissitis v. confertis. (*Asia, Oceania et Africa trop., Madagascaria* [2].)

68? Solenoruellia H. Bn. — Sepala 5, subulata, basi connata. Corolla [3] 2-labiata. Stamina 4, didynama ; antheris linearibus, 2-locularibus. Germinis loculi 2-ovulati. — Frutex (?) puberulus; foliis tenuiter petiolatis breviter ovatis; floribus cymosis paucis; bracteis 2 involucrantibus, in tubum obliquum obovato-oblongum connatis, 10-nervem, apice 2-labiatum pilisque capitatis conspersum. (*Mexicum* [4].)

69? Tabascina H. Bn. — Flores [5] subregulares; sepalis 5, latis foliaceis valvatis; postico majore. Corollæ campanulatæ pubentis lobi 5, breves imbricati; palato intus plicis 2 longitudinalibus aucto. Stamina 2; loculis crassis inæqualibus introrsis. Discus pulvinatus crassus. Germen 2-loculare; loculis 2-ovulatis; stylo tenui capitellato, demum elongato arcuato. — Frutex[6]; foliis elliptico-acuminatis in petiolum longe attenuatis; cymis terminalibus 2-paris. (*Mexicum*[7].)

70. Dianthera L.[8] — Sepala 4, 5, sæpius acutata. Corollæ labium posticum intimum, integrum v. 2-dentatum. Stamina 2; antheris 2-locularibus; loculis connectivo varie evoluto disjunctis, æqualibus v. disparibus. Ovula in loculis 2. Semina 1-4, lævia v. rugosa. — Herbæ erectæ diffusæve, nunc frutescentes; foliis oppositis

1. In *Wall. Pl. as. rar.*, III, 76 ; in *DC. Prodr.*, XI, 442. — T. Anders.,in *Journ. Linn. Soc.*, VII, 51 ; IX, 522. — B. H., *Gen.*, II,1112, n. 99.
2. Spec. 3, 4. Wall., *Pl. as. rar.*, t. 113 (*Justicia*). — Wight, *Icon.*, t. 464. — C.-B. Clke, in *Hook. f. Fl. brit. Ind.*, IV, 541. — Thw., *Enum. pl. Zeyl.*, 234. — Balf. f., *Bot. Soc.*, 224, t. 75. — Miq., *Fl. ind. bat.*, II, 833. — *Bot. Mag.*, t. 325 (*Justicia*).
3. Flavescens.
4. Spec. 1. *S. Galeottiana* H. Bn.
5. « Lutescentes. »

6. Habitu et inflorescentia *Ruelliearum*.
7. Spec. 1. *T. Lindeni* H. Bn.
8. *Gen.*, n. 28. — J., *Gen.*, 104. — B. H., *Gen.*, II, 1113, n. 100. — *Rhytiglossa* Nees, in *DC. Prodr.*, XI, 335 (part.). — *Chiloglossa* Œrst., in *Vid. Medd. Nat. For. Kjob.* (1854), 160. — *Leptostachya* Nees, in *Wall. Pl. as. rar.*, III, 105 ; in *DC. Prodr.*, XI, 376. — ?*Plagiacanthus* Nees, in *DC. Prodr.*, XI, 335 (ex Benth.). — *Orthotactus* Nees, in *Mart. Fl. bras.*, IX, 131, t. 21. — *Porphyrocoma* Hook., *Bot. Mag.*, t. 4176. — *Amphiscopia* (sect.) Nees, in *DC. Prodr.*, XI, 357.

integris v. nunc dentatis; floribus solitariis v. glomerulatis, axillaribus
v. spicatis; spicis nunc capitatis, nunc in racemum terminalem compositum dispositis[1]. (*America, Asia et Africa calid.* [2])

71? Carlowrightia A. GRAY [3]. — Flores fere *Diantheræ;* corollæ
limbo 4-partito. Stamina 2; antheris 2-locularibus; loculis parallelis
æqualibus contiguis muticis. Stylus apice capitellatus v. emarginatus.
— Fruticuli glabelli; foliis parvis integris; bracteis consimilibus.
(*Reg. texano-arizonica* [4].)

72? Jacobinia MORIC.[5] — Flores fere *Diantheræ;* calyce alte
5-fido v. partito; corollæ tubo plerumque elongato angustoque; limbi
labiis brevibus v. sæpius elongatis, sæpius angustis; antico plus minus
profunde 2-fido. Stamina 2; antherarum loculis subcontiguis, plus
minus inæqualibus, sæpius longiusculis. Germen cæteraque *Diantheræ* [6]. — Herbæ v. frutices; inflorescentia varia. (*America calid.
utraque* [7].)

73? Neohallia HEMSL.[8] — « Calyx tubulosus, subæquali-5-denta-
tus. Corollæ tubus curvulus; limbo paulo breviore 2-labiato; labio
antico recurvo. Stamina 2; antherarum loculis 2, discretis, basi
minute appendiculatis; altero altius affixo. Discus maximus cupulatus.
Germinis loculi 2-ovulati. —Frutex (?); foliis amplis glabris; floribus
2, 3, in involucris amplis cupuliformibus crasso-coriaceis axillaribus
pedunculatis sessilibus. (*Mexicum australe* [9].) »

1. *Gatesia lætevirens* A. GRAY, in *Proc.
Amer. Acad.*, XIII, 365, nobis huj. gen. sec-
tionem sistere videtur. Genus hinc a *Jacobinia*,
inde a *Justicia* male distinctum.
2. Spec. ad 75. JACQ., *Ic. rar.*, t. 206 (*Justicia*). — R. et PAV., *Fl. per. et chil.*, t. 12, 13
(*Justicia*). — C.-B. CLKE, in *Hook. f. Fl. brit.
Ind.*, IV, 541. — GRISEB., *Fl. brit. W.-Ind.*,
455 (part.). — NEES, in *Mart. Fl. bras.*, IX,
118, t. 19 (*Rhytiglossa*).—HEMSL., *Bot. centr.-
amer.*, II, 517. — A. GRAY, *Syn. Fl. N.-Amer.*,
II, I, 329. — *Bot. Mag.*, t. 2367, 2487 (*Justicia*).
3. In *Proc. Amer. Acad.*, XIII, 364.
4. Spec. 3, 4. TORR., *Bot. Mex. Bound.*, 123
(*Shaueria*). — A. GRAY, *Syn. Fl. N.-Amer.*,
II, I, 327.
5. *Pl. nouv. Amér.*, 156, t. 92. — B. H.,
Gen., II, 1114, n. 101. — *Drejera* NEES, in
Mart. Fl. bras., IX, 112, t. 17; in *DC. Prodr.*,

XI, 334. — *Sericographis* NEES, in *Mart. Fl.
bras.*, IX, 107; in *DC. Prodr.*, XI, 360, 730.
—*Cardiacanthus* NEES, in *DC. Prodr.*, XI, 331.
— *Pachystachys* NEES, in *Mart. Fl. bras.*, IX,
90; in *DC. Prodr.*, XI, 319.— *Cyrtanthera* NEES,
in *Mart. Fl. bras.*, IX, 90, t. 14; in *DC.
Prodr.*, XI, 328. — *Cyrtantherella* OERST., in
Vid. Medd. Nat. For. Kjob. (1854), 148, t. 3,
fig. 10, 11.—*Libonia* C. KOCH, in *Lind. Pr. cour.*
(1863) c. ic. — ? *Sericobonia* LIND., *Ill. hort.*,
XXII, t. 198.
6. A quo genus male distinctum.
7. Spec. ad 40. HEMSL., *Bot. centr.-amer.*,
II, 519. — *Bot. Reg.*, t. 1397. — *Bot. Mag.*,
t. 432, 3383, 4444, 5887. — WALP., *Ann.*, III,
224 (*Cyrtanthera, Rhytiglossa, Sericographis*),
V, 659; 660 (*Drejera*), 661 (*Rhytiglossa*), 662
(*Sericographis*).
8. *Bot. centr.-amer.*, II, 519.
9. Spec. 1. *N. Borreræ* HEMSL.

74. Thyrsacanthus NEES[1]. — Flores[2] fere *Justiciæ;* calycis segmentis angustis. Corollæ tubus rectus v. arcuatus, supra medium
ampliatus; limbi 4-fidi labiis 2 : postico intimo, integro v. 2-lobo;
antico autem 3-lobo; lobo medio extimo. Stamina fertilia 2; connectivo crasso dorsifixo; antheræ loculis parallelis. Staminodia 2, parva,
imis filamentis adnata. Discus crassiusculus. Ovula in loculis 2.
Semina 1-4, lævia v. rugosa. — Frutices v. herbæ erecti; foliis oppositis plerumque amplis; cymis in racemum terminalem compositum
dispositis. (*America trop.*[3])

75. Graptophyllum NEES[4]. —Flores[5] fere *Thyrsacanthi;* corollæ
tubo superne ampliato; limbi labio postico incurvo; antico autem
patente, 3-lobo. Stamina fertilia 2; antheris æquali-2-locularibus.
Staminodia 2. Fructus stipitatus oblongus. — Frutices; cymis in
axillis superioribus v. in racemum densum terminalem dispositis.
(*Oceania*[6].)

76. Chileranthemum ŒRST.[7] — Flores fere *Thyrsacanthi;* sepalis 5, setaceo-acuminatis, ima basi connatis. Corollæ 2-labiatæ tubus
limbo subæqualis. Stamina fertilia 2; antherarum apiculatarum
loculis parallelis. Staminodia ad basin filamentorum 2. Discus annularis. Stylus apice inæqui-dilatatus. Germinis loculi 2-ovulati. « Capsula clavata in stipitem contracta. » — Frutex glaber divaricato-ramo-
sus; foliis integris; cymis axillaribus folio brevioribus. (*Mexicum*[8].)

77? Schaueria NEES[9]. — Flores *Jacobiniæ* (v. *Justiciæ*); calycis
segmentis linearibus. Corollæ labium posticum angustum ; antici lobi
angusti, parum inæquales. Stamina 2; antheræ loculis parallelis

1. In *Mart. Fl. bras.*, IX, 97, t. 13; in *DC.
Prodr.*, XI, 323. — B. H., *Gen.*, II, 1119, n.
112.— *Odontonema* NEES, in *Linnæa*, XVI, 300.
2. Rubri, sæpe pulchri.
3. Spec. ad 20. AUBL., *Guian.*, t. 4 (*Justicia*).
— JACQ., *Ic. rar.*, t. 205 (*Justicia*). — LINDL. et
PAXT., *Fl. Gard.*, t. 53. — GRISEB., *Fl. brit.
W.-Ind.*, 454. — NEES, in *Mart. Fl. bras.*, IX,
97, t. 13. — *Fl. serr.*, t. 732. — ANDR., *Bot.
Repos.*, t. 570 (*Justicia*). — *Bot. Mag.*, t. 4378,
4441, 4851.
4. In *Wall. Pl. as. rar.*, III, 76; in *DC.
Prodr.*, XI, 327. — B. H., *Gen.*, II, 1118,
n. 111. — *Earlia* F. MUELL., *Fragm. phyt.
Austral.*, III, 159.

5. Rubri.
6. Spec. ad 4. RHEEDE, *H. malab.*, VI, t. 60
(*Tjude Marum*). — RUMPH., *H. amboin.*, IV,
t. 30 (*Forlium bracteatum*). — BENTH., *Fl.
austral.*, IV, 551. — MIQ., *Fl. ind. bat.*, II,
824. — *Bot. Reg.*, t. 1227 (*Justicia*). — *Bot.
Mag.*, t. 1870 (*Justicia*).
7. In *Vid. Medd. Nat. For. Kjob.* (1854), 166.
— B. H., *Gen.*, II, 1119, n. 113.
8. Spec. 1. *C. trifidum* ŒRST. — HEMSL.,
Bot. centr.-amer., II, t. 67, fig. 1-5.
9. *Ind. sem. H. vratisl.* (1838), ex *Linnæa*,
XIII, *Littb.*, 119; in *DC. Prodr.*, XI, 314; in
Mart. Fl. bras., IX, t. 15. — B. H., *Gen.*, II,
1116, n. 104.

muticis. — Herbæ v. frutices; glomerulis in spicas terminales simplices v. compositas dispositis; bracteis bracteolisque linearibus. (*Brasilia*[1].)

78? **Hoverdenia** NEES[2]. — « Calyx 5-fidus; lobis elongatis latis æqualibus (coloratis). Corolla[3] 2-labiata; tubo longiusculo; labiis latis; antico 3-fido. Stamina 2; antherarum loculis parallelis muticis. Discus cupularis. Ovula in loculis 2; stylo involuto. — Frutex tomentosus; foliis ovatis; cymis terminalibus fastigiatis; bracteis ovatis; bracteolis (coloratis[4]) oblongis. (*Mexicum*[5].) »

79. **Harpochilus** NEES[6]. — Sepala 5, lineari-lanceolata herbacea, nunc per paria plus minus connata. Corolla longe 2-labiata; tubo incurvo; labii antici lobis 3 angustis labioque postico linearibus arcuatis. Antheræ 2, 2-loculares; loculis parallelis submuticis, nunc subinæquali-affixis; connectivo latiusculo. Stylus gracilis, apice arcuato obovato-2-lobo. Fructus stipitatus; seminibus orbicularibus. — Frutices canescentes; foliis integris; floribus[7] in racemum terminalem elongatum dite cymigerum dispositis; bracteolis minutis. (*Brasilia*[8].)

80. **Himantochilus** T. ANDERS.[9] — « Calycis brevis lobi 5, lanceolati subvalvati. Corolla longe 2-labiata. Stamina 2; antheris oblongis, 2-locularibus; loculis parallelis muticis. Discus annularis. Germen dense villosum; stylo filiformi; ovulis in loculis 2. — Frutex; foliis amplis integris membranaceis, basi in petiolum alatum contractis; floribus axillaribus secundis 2, 3-nis. (*Africa trop.*[10]) »

81. **Anisacanthus** NEES[11]. — Flores fere *Schaueriæ;* calycis lobis 5, acutis. Corollæ tubus tenuis; limbi labio postico interiore anticique lobis angustis. Stamina 2; filamentis basi incrassatis; loculis anthe-

1. Spec. 6-8. LINK et OTT., *Ic. pl. sel.*, t. 53 (*Justicia*). — HOOK., *Ex. Fl.*, t. 212 (*Justicia*). — LODD., *Bot. Cab.*, t. 1921 (*Justicia*). — *Bot. Reg.*, t. 1027 (*Justicia*). — *Bot. Mag.*, t. 2816 (*Justicia*).

2. In *DC. Prodr.*, XI, 330. — B. H., *Gen.*, II, 1116, n. 103.

3. Flavæ.

4. Cum calyce purpureis.

5. Spec. 1. *H. speciosa* NEES. An planta columbica? (B. H.)

6. In *Mart. Fl. bras.*, IX, 146, t. 24. — B. H., *Gen.*, II, 1116, n. 102.

7. Flavescentibus, majusculis.

8. Spec. 2.

9. EX BENTH., *Gen.*, II, 1117, n. 106.

10. Spec. 1. *H. sessiliflorus* T. ANDERS.

11. In *Linnæa*, XVI, 397; in *DC. Prodr.*, XI 444. — MEISSN., *Gen.*, 367. — B. H., *Gen.*, II, 1117, n. 105. — H. BN, in *Bull. Soc. Linn. Par.*, 875 (ubi inflorescentiæ structura ex evolutione determinata).

rarum divergentibus. Stylus gracilis, apice subcapitatus, breviter 2-dentatus. — Frutices; foliis integris; floribus[1] in spicas spurias[2] 1-laterales dispositis; bracteis bracteolisque parvis. (*Mexicum, Texas*[3].)

82. **Fittonia** COEM.[4] — Flores parvi[5]; sepalis 5, valvatis acutatis, inferne connatis. Corollæ tubus tenuis; limbo 2-labiato; labio postico intimo angusto, integro v. 2-dentato; antico patente latiore, 3-lobo; lobo medio antico extimo. Stamina 2, antica; antheræ subsagittatæ loculis 2, parallelis. Staminodia demum 0[6]. Germen a latere compressum, disco annulari crasso basi cinctum; stylo gracili, apice truncato cupulari. Ovula in loculis 2, adscendentia. Capsula ovata, basi in stipitem solidum contracta; seminibus 1-4, compressis tuberculosis; retinaculo acuto. — Herbæ humiles; foliis cordatis (venoso-pictis); floribus in spicam pedunculatam terminalem dispositis; bracteis herbaceis; bracteolis 2, angustis. (*Peruvia*[7].)

83. **Ptyssiglottis** T. ANDERS.[8] — Sepala 5, lineari-subulata vix inæqualia. Corollæ 2-labiata; lobis 5, subæqualibus; palato plicato. Stamina 2, sub fauce affixa; antheris muticis; loculis 2, parallelis. Discus brevis. Germinis loculi 2-ovulati; stylo gracili, apice subdidymo. Capsula stipitata; seminibus compressis tuberculosis. — Herbæ tenues humiles radicantes; foliis integris; floribus terminalibus solitariis v. paucis cymosis pedunculatis. (*Java, Zeylania*[9].)

84. **Sphinctacanthus** BENTH.[10] — Calyx 5-fidus; segmentis subulatis. Corollæ tubus inferne inflatus, ad faucem constrictus; limbo 2-labiato; labii antici lobis 3, linearibus æqualibus reflexis. Stamina 2; antheris ovato-oblongis, 2-locularibus; connectivo latiusculo indu-

1. Sæpius rubris.

2. Flos jure in dichotomia.

3. Spec. 3. VAHL, *Enum.*, I, 124 (*Justicia*). — H. B. K., *Nov. gen. et spec.*, II, 231. — CAV., *Icon.*, t. 199 (*Justicia*). — SALISB., *Par. lond.*, t. 50 (*Justicia*). — HEMSL., *Bot. centr.-amer.*, II, 522. — A. GRAY, *Syn. Fl. N.-Amer.*, II, I, 328.

4. In *Fl. serr.*, XV, 185. — B. H., *Gen.*, II, 1117, n. 107.

5. Pallide sulfurei.

6. Prima ætate conspicua.

7. Spec. 2. REG., *Gartenfl.*, t. 629. — *Rev. hort.* (1869), 186, c. xyl.

8. In *Thw. Enum. pl. Zeyl.*, 235. — B. H., *Gen.*, II, 1117, n. 108.

9. Spec. 2. MIQ., *Fl. ind. bat.*, II, 826 (*Rostellularia*). — NEES, in *DC. Prodr.*, XI, 344, n. 32 (*Rhytiglossa*). — BEDD., *Ic. pl. ind. or.*, t. 267. — C.-B. CLKE, in *Hook. f. Fl. brit. Ind.*, IV, 543.

10. *Gen.* II, 1118, n. 109; in *Hook. Icon.* t. 1205.

plicato. Discus cupularis. Stylus apice obtusus. Germinis loculi 2-ovulati. — Suffrutex glaber; foliis amplis integris; floribus in spicam elongatam teneum interruptam dispositis, ad axillam bractearum parvarum solitariis; spicis ad apices ramorum 2-5. (*India* [1].)

85. **Ecbolium** KURZ. [2] — Flores fere *Schaueriæ;* corollæ tubo tenui longoque; limbi labio postico angusto v. lineari, 2-dentato; antico 3-fido lato patente. Stamina 2; antheris sagittatis muticis; loculis æqualibus. Ovula in loculis 2. Fructus longe stipitatus. — Frutex glaber; foliis integris; floribus spicatis; bracteis foliaceis integris v. dentatis, ovatis v. nunc angustis, 1-floris; bracteolis parvis 2. (*Asia et Africa trop.* [3])

86. **Aphelandra** R. BR. [4] — Flores [5] fere *Justiciæ;* sepalis angustis; postico nunc majore. Corollæ labium posticum erectum, integrum v. 2-fidum; anticum 3-lobum intimum. Stamina didynama; antheris conniventibus, 1-locularibus, muticis v. apice barbellatis. Stylus apice obtusus v. brevissime 2-lobus. Ovula in loculis 2. — Frutices v. herbæ elatæ; foliis oppositis v. nunc alternis, integris, lyratis v. spinoso-dentatis; spicis terminalibus, simplicibus v. compositis; bracteis imbricatis calyce plerumque majoribus [6]. (*America utraque trop. et subtrop.* [7])

1. Spec. 1. *S. Griffithii* BENTH., in *Hook. Icon.*, t. 1205. — C.-B. CLKE, in *Hook. f. Fl. brit. Ind.*, IV, 544. — *Justicia orchioides* GRIFF., herb.

2. In *Journ. As. Soc. Bengal.*, XL, 75; XLII, 99. — B. H., *Gen.*, II, 1118, n. 110.

3. Spec. 1. *E. Linnæanum* KURZ. — C.-B. CLKE, in *Hook. f. Fl. brit. Ind.*, IV, 544. — BOISS., *Fl. or.*, IV, 525. — *Justicia Ecbolium* NEES, in *Wall. Pl. as. rar.*, III, 76; in *DC. Prodr.*, XI, 426. — WIGHT, *Icon.*, t. 463, 1546. — *Bot. Mag.*, t. 1847. — *J. emarginata* NEES. — *J. ligustrina* VAHL. — *J. lœtevirens* VAHL. — *J. rolundifolia* NEES. — *J. dentata* KLEIN. — *Eranthemum Ecbolium* T. ANDERS. Spec. altera a BALF. F. describitur (*Bot. Soc.*, 225, t. 77).

4. *Prodr.*, 475. — ENDL., *Gen.*, n. 4074. — NEES, in *DC. Prodr.*, XI, 295; in *Mart. Fl. bras.*, IX, t. 11. — B. H., *Gen.*, II, 1102, n. 77. — *Synandra* SCHRAD., in *Pr. Maxim. Neuw. Reis.*, II, *Bot.*, 343 (ex NEES). — *Hemisandra* SCHEIDW., in *Bull. Ac. Brux.* (1842). — *Strobilorhachis* LINK, KL. et OTT., *Ic. pl. rar.*, 117, t. 48. — *Hydromestes* SCHEIDW., in *Gartenz.* (1842), 285. — *Lagochilum* NEES, in *Mart. Fl. bras.*, IX, 85, t. 10; in *DC. Prodr.*, XI, 290.

5. Flavi, aurantiaci v. rubri.

6. *Geissomeria* LINDL., *Bot. Reg.*, t. 1045. — NEES, in *DC. Prodr.*, XI, 286. — B. H., *Gen.*, II, 1103, n. 78, videtur nobis generis sectio, tubo corollæ sæpe longiore; limbi lobis minus inæqualibus; bracteis nunc minoribus (*Salpixantha* HOOK., *Bot. Mag.*, t. 4158).

Strobilacanthus GRISEB., in *Bonplandia*, VI, 10. — B. H., *Gen.*, II, 1096, n. 59, planta panamensis, e descriptione, vix ab *Aphelandra* differre videtur.

7. Spec. ad 50. JACQ., *H. schœnbr.*, t. 320 (*Justicia*); *Ic. rar.*, t. 204 (*Justicia*). — R. et PAV., *Fl. per. et chil.*, t. 10 (*Justicia*). — H. B., *Pl. æquin.*, t. 48 (*Ruellia*). — BENTH., *Sulph.*, t. 47. — T. ANDERS., in *Seem. Journ.* (1864), 289, t. 22. — WAWR., *Pr. Max. Reis. Bot.*, t. 13, 14. — ANDR., *Bot. Rep.*, t. 506 (*Ruellia*). — OERST., in *Vid. Medd. Nat. For. Kjob.* (1854), 138. — GRISEB., *Fl. brit. W.-Ind.*, 454. — NEES, in *Mart. Fl. bras.*, IX, 88, t. 11. — HEMSL., *Bot. centr.-amer.*, II, 512. — *Fl. serr.*, t. 889, 981, 1741. — *Bot. Reg.*, t. 1477; (1845), t. 12. — *Bot. Mag.*, t. 1578, 4224, 4899, 5463, 5741, 5789, 5951, 6467, 6627. — WALP., *Ann.*, V, 655.

87. **Holographis** NEES[1]. — « Calycis[2] segmenta 5, æqualia. Corolla ringens, 2-labiata; paláto lævi. Stamina 4, didynama; antheris 1-locularibus dorsifixis lanatis. Discus annularis. Stigma simplex. Fructus...? — Fruticulus rigidus pubescens ramosissimus; foliis parvis, subtus tomentosis, margine revolutis; floribus[3] 2-nis ad axillas bractearum foliis similium; bracteolis sub flore quoque subulatis 3. (*Mexicum*[4].) »

88. **Lepidagathis** W.[5] — Flores fere *Justiciæ*; sepalis 5, inæqualibus; postico sæpius latiore. Corolla 2-labiata; labio postico intimo emarginato v. 2-fido erecto-patente; antico autem 3-fido; lobo medio extimo. Stamina didynama; antherarum loculis parallelis muticis; altero altius affixo. Ovula in loculis 1, 2. Semina 1-4; retinaculis validis. — Herbæ v. suffrutices erecti v. sæpius diffusi, inermes v. spinescenti-bracteati; foliis integris; floribus in spicas densas forma varias dispositis; bracteis rigidis v. spinoso-aristatis flores sæpe occultantibus. (*Orbis tot. reg. trop.*[6])

89? **Isochoriste** MIQ.[7] — « Calycis parvuli segmenta 5, anguste lanceolata. Corolla 2-labiata; lobis obtusis. Stamina 2-dynama; antherarum sagittato-linearium loculis contiguis, basi acutis. — Herba elata; racemo terminali 1-laterali; bracteis breviter lanceolatis. (*Java*[8].) »

90. **Phialacanthus** BENTH.[9] — « Calyx tubuloso-campanulatus, 5-dentatus, membranaceus coloratus. Corollæ tubus elongatus; limbi 2-labiati lobis 5, subæqualibus. Stamina 4, exserta; antheris oblongo-linearibus, 2-locularibus muticis. Discus crassus carnosus. Germinis loculi 2-ovulati; stylo apice breviter 2-fido. Fructus oblongus breviter stipitatus; seminibus 4, planis orbiculatis. — Suffrutex

---

1. In *DC. Prodr.*, XI, 728. — B. H., *Gen.*, II, 1104, n. 79.
2. Colorati membranacei.
3. « Coccineis, semibipollicaribus. »
4. Spec. 1. *H. Ehrenbergiana* NEES. — HEMSL., *Bot. centr.-amer.*, II, 513.
5. *Spec.*, III, 400. — ENDL., *Gen.*, n. 4065. — NEES, *Diss.* (1841), Breslau; in *DC. Prodr.*, XI, 249. — T. ANDERS., in *Journ. Linn. Soc.*, VII, 33; IX, 494. — B. H., *Gen.*, II, 1101, n. 72. — ? *Apolepsis* BL. *Bijdr.*, 802. — ? *Russeggera* ENDL., *Nov. st. Dec.*, 38; *Iconogr.*, t. 94. — *Teliostachya* NEES, in *Mart.*

Fl. bras., IX, 71, t. 8; in *DC. Prodr.*, XI, 262.
6. Spec. ad 45. DELESS., *Ic. sel.*, III, t. 84. — LINK, *Jahrb.*, I, 48 (*Hypoestes*). — ROXB., *Pl. corom.*, t. 267. — WIGHT, *Icon.*, t. 455-457, 1530, 1620. — MIQ., *Fl. ind. bat.*, II, 812. — BEDD., *Ic. pl. ind. or.*, t. 227-229. — C.-B. CLKE, in *Hook. f. Fl. brit. Ind.*, IV, 515. — THW., *En. pl. Zeyl.*, 231. — BOISS., *Fl. or.*, IV, 524. — WALP., *Ann.*, III, 221; V, 655.
7. *Fl. ind. bat.*, II, 822. — B. H., *Gen.*, II, 1102, n. 74. An *Asystasia*? (Vid. p. 459).
8. Spec. 1. *I. javanica* MIQ., male nota.
9. *Gen.*, II, 1102, n. 75.

glaber; foliis amplis oblongo-ellipticis acuminatis integris; cyma terminali 2, 3-chotoma laxe corymbosa. (*India*[1].) »

91. Herpetacanthus NEES[2]. — Sepala 5, angusta. Corolla 2-labiata. Stamina 4, 2-dynama; anticorum antheris 2-locularibus muticis; posticorum autem antheris 1-locularibus. Discus annularis. Germinis loculi 2-ovulati; stylo gracili, apice integro v. 2-dentato. Capsula solide stipitata. — Frutices v. suffrutices, glabri v. villosi; foliis integris; floribus[3] in axillis bractearum spicæ terminalis brevis v. elongatæ subsessilibus paucis glomeratis; bracteis herbaceis v. membranaceis variis. (*Brasilia*[4].)

92. Monothecium HOCHST.[5] — Flores fere *Justiciæ;* corollæ labiis elongatis; antico breviter 3-lobo. Stamina 2; antheris 1-locularibus, 1-rimosis. Ovula in loculis 2. — Herbæ v. suffrutices diffusi; floribus dense spicatis; bracteis bracteolisque angustis. (*India, Abyssinia*[6].)

93. Oreacanthus BENTH.[7] — Sepala 5, setaceo-acuminata. Corollæ tubus brevis; fauce ampla; limbo[8] 2-labiato; labio postico subintegro; antico 3-partito. Stamina fertilia 2; antheris 1-locularibus exsertis. Germinis loculi 2-ovulati; stylo filiformi. Capsula oblonga longe stipitata; seminibus 1-4, compressis rugosis. — Herba elata; foliis amplis integris; floribus in racemos terminales valde ramosos composite cymigeros dispositis. (*Africa trop. occ.*[9])

94. Ruttya HARV.[10] — Flores[11] fere *Justiciæ;* corollæ tubo latiusculo; limbi labiis longis; postico emarginato v. breviter 2-fido; antici patentis lobo medio extimo. Stamina 2, exserta; antheris 1-locularibus dorsifixis, plerumque muticis. Staminodia 2, ad basin filamen-

1. Spec. 1. *P. Griffithii* BENTH. — C.-B. CLKE, in *Hook. f. Fl. brit. Ind.*, IV, 523.
2. In *Mart. Fl. bras.*, IX, 93, t. 12; in *DC. Prodr.*, XI, 365. — B. H., *Gen.*, II, 1102, n. 76. — *Schultzia* NEES, in *N. Act. nat. cur.*, XI, 63.
3. Roseis v. flavidis.
4. Spec. 4, 5.
5. In *Flora* (1841), 374. — NEES, in *DC. Prodr.*, XI, 310. — T. ANDERS., in *Journ. Linn. Soc.*, VII, 45; IX, 517. — B. H., *Gen.*, II, 1104, n. 80. — *Anthocometes* NEES, in *DC. Prodr.*, XI, 311.

6. Spec. 2. BEDD., *Ic. pl. ind. or.*, t. 269. — C.-B. CLKE, in *Hook. f. Fl. brit. Ind.*, IV, 523.
7. *Gen.*, II, 1104, n. 81; in *Hook. Icon.*, t. 1211.
8. Fere *Brillantaisiæ.*
9. Spec. 1. *O. Mannii* BENTH.
10. In *Hook. Lond. Journ.*, I, 27; *Thes. cap.*, t. 144. — NEES, in *DC. Prodr.*, XI, 309. — B. H., *Gen.*, II, 1105, n. 82. — *Haplanthera* HOCHST., in *Flora* (1843), 71. — NEES, in *DC. Prodr.*, XI, 308.
11. Purpurei, majusculi.

torum v. 0. Ovula in loculis 2. —Herbæ v. frutices erecti; foliis oppositis integris membranaceis; floribus dense cymosis v. ad axillas bractearum oppositarum glomeratis, 3-5-nis; bracteis bracteolisque linearibus. (*Africa trop. et austr.*, *Madagascaria*[1].)

95. **Brachystephanus** NEES[2]. — Flores fere *Justiciæ;* sepalis setaceo-acuminatis. Corolla 2-labiata; tubo gracili valde elongato cylindraceo; limbi lobis 4, erectis; labio postico integro v. emarginato. Stamina 2; antheris muticis, 1-locularibus. Discus annularis. — Herba basi reptans; foliis integris; floribus in spicas terminales longas simplices v. ramosas dispositis. (*Madagascaria*[3].)

96? **Habracanthus** NEES[4]. — Flores fere *Justiciæ;* corollæ tubo recto v. arcuato, plus minus lato; labiis elongatis; antico breviter 3-lobo. Stamina 2, exserta; antheris dorsifixis muticis, 1-locularibus. — Frutices; foliis integris; floribus[5] in cymas laxas dispositis crebris; cymis secundum axin terminalem elongatum insertis[6]. (*Mexicum, Columbia*[7].)

97? **Clinacanthus** NEES[8]. — Flores fere *Justiciæ;* corollæ tubo elongato; limbi lobis subæqualibus. Stamina 2, fauci affixa; antheris dorsifixis leviter exsertis muticis. Germinis loculi 2-ovulati. — Herba elata; foliis oppositis; floribus[9] in cymas contractas subcapitatas ad apices ramorum dispositis; bracteis bracteolisque linearibus. (*Java, Malacca,* ? *China*[10].)

98. **Glockeria** NEES[11]. —Flores fere *Habracanthi;* corollæ[12] tubo in faucem longe ampliato; labio postico anticique lobis brevibus ovatis. Stamina 2; antheris dorsifixis elongatis muticis, 1-locularibus. Capsula in stipitem solidum longe contracta. — Herbæ v. suffrutices glabri; foliis membranaceis; cymis in racemos terminales laxissimos

1. Spec. 3, 4.
2. In *DC. Prodr.*, XI, 511. — B. H., *Gen.*, II, 1105, n. 83.
3. Spec. 1. *B. Lyallii* NEES.
4. In *DC. Prodr.*, XI, 312. — B. H., *Gen.*, II, 1106, n. 85.
5. Coccineis.
6. Gen. inflorescentia solum distinguendum.
7. Spec. 3, 4. OERST., in *Vid. Medd. Nat. For. Kjob.* (1854), 140. — HEMSL., *Bot. centr.- amer.*, II, 513.

8. In *DC. Prodr.*, XI, 511. — B. H., *Gen.*, II, 1105, n. 84.
9. Coccineis.
10. Spec. 1, 2. BURM., *Fl. ind.*, t. 5, fig. 1 (*Justicia*). — BL., *Bijdr.*, 784 (*Justicia*). — HASSK., *Cat. 2 Il. bogor.*, 157 (*Beloperone*). — C.-B. CLKE, in *Hook. f. Fl. brit. Ind.*, IV, 524.
11. In *DC. Prodr.*, XI, 728. —B. H., *Gen.*, II, 1106, n. 86. — *Galeottia* NEES, *loc. cit.*, 311 (non RICH.).
12. Coccineæ.

composite 3-chotomos dispositis,..ebracteatis. (*Americâ centr., Mexi-cum* [1].)

99. **Razisea** ŒRST. [2] — Flores fere *Diantheræ* [3]; sepalis 5, inæqualibus, basi connatis lineari-subulatis. Corolla 2-labiata; tubo in faucem longe ampliato ; lobis angustis. Stamina 2, exserta; antheris dorsifixis oblongis (2-locularibus?). Stylus filiformis, apice minute 2-fidus. — Herbæ? glabræ ramosæ; foliis integris; floribus [4] dense terminali-spicatis, ad axillam bractearum subsessilibus; bracteis bracteolisque subulatis. (*America centr.* [5])

100. **Stenostephanus** NEES [6]. — Sepala 5, linearia valvata. Corolla tubulosa, 2-labiata, inæqui-4-loba imbricata. Stamina 2, antica, inclusa v. exserta; anthera dorsifixa, 1-loculari, 1-rimosa. Discus annularis. Stylus tenuis, apice subinteger. Capsula compressa, basi in stipitem contracta. — Suffrutices glabri v. varie induti; foliis oppositis membranaceis lanceolatis; floribus [7] in cymas breviter v. (*Hansteinia* [8]) longe stipitatas, secundum racemi terminalis axin oppositis. (*Brasilia, Caracas, Costarica, Mexicum* [9].)

101. **Gastranthus** MOR. [10] — Sepala 5, linearia. Corollæ tubus brevis, mox supra germen inflato-ventricosus, ore contractus ; limbi labiis 2, brevibus. Stamina 2; antheris demum exsertis, 1-locularibus. Discus prominens. Germinis loculi 2-ovulati; stylo filiformi. Capsula oblonga stipitata ; seminibus foveolato-rugosis. — Suffrutex erectus ; foliis amplis integris; floribus [11] in cymas paucifloras secundum spicæ terminalis v. axillaris axin dispositis; bracteis cum calyce glanduloso-viscosis. (*Venezuela* [12].)

102? **Chætothylax** NEES [7]. — Flores fere *Justiciæ;* sepalis 4, 5

1. Spec. 4. ŒRST., in *Vid. Medd. Nat. For. Kjob.* (1854), 140. — HEMSL., *Bot. centr.-amer.*, II, 514, t. 67, fig. 6-14. — WALP., *Ann.*, V, 657.

2. In *Vid. Medd. Nat. For. Kjob.* (1854), 142, t. 5, fig. 22. — B. H., *Gen.*, II, 1106, n. 87 (char. reform.).

3. Cujus forte sectio.

4. « Rubris. »

5. Spec. 1 typica, scil. *R. spicata* ŒRST. — HEMSL., *Bot. centr.-amer.*, II, 514. — WALP., *Ann.*, V, 640. Spec. forte aliæ 2 mexicanæ.

6. In *Mart. Fl. bras.*, IX, 91; in *DC. Prodr.*,

XI, 310. — B. H., *Gen.*, II, 1106, n. 88.

7. Albis v. rubris.

8. ŒRST., in *Vid. Medd. Nat. For. Kjob.* (1854), 142, t. 5, fig. 23-26. — H. BN, in *Bull. Soc. Linn. Par.*, 855.

9. Spec. 4. WALP., *Ann.*, V, 640.

10. Ex B. H., *Gen.*, II, 1107, n. 20.

11. « Pallide flavescentibus. »

12. Spec. 1. *G. Schlechtendalii* MOR. — BENTH., in *Hook. Icon.*, t. 1210.

13. In *Mart. Fl. bras.*, IX, 153, t. 26 ; in *DC. Prodr.*, XI, 313. — B. H., *Gen.*, II, 1107, n. 91.

linearibus. Stamina 2; filamentis nunc planiusculis; antherarum loculo superiore mutico; altero inferiore ad dentem v. calcar varie productum reducto. Staminodia 2.— Herbæ, suffrutices v. frutices; foliis integris; floribus[1] ad folia superiora axillaribus solitariis v. sæpius in spicas densas axillares terminalesque cymigeras dispositis; bracteis bracteolisque rigidulis, sepalis similibus. (*America mer.*[2])

103. Barleria L.[3]—Sepala 4; anticum (e 2 conflatum) posticumque majora; lateralia angusta v. linearia interiora. Corollæ tubus brevis v. nunc valde elongatus, superne ampliatus; limbo patente imbricato, subregulari v. 2-labiato. Stamina 4: antica majora; antheris 2-locularibus; postica autem minora, sæpius sterilia. Staminodium posticum nunc minutum. Ovula in loculis germinis 2, v. nunc (*Parabarleria*[4]) 1. Stylus apice tubi ostio nunc cinctus, truncatus v. obtusus cupularisve; lobis septalibus. Capsula plus minus rostrata; seminibus 1-4, orbiculari-compressis; retinaculo plerumque acuto. — Herbæ v. frutices, glabri v. tomentosi; foliis integris; axillis floralium sæpe spinis 3-fidis armatis; floribus terminalibus v. axillaribus, solitariis v. cymosis, nunc in spicam terminalem confertis; bracteolis 2, lateralibus sub flore linearibus. (*Orbis utriusque reg. calid.*[5])

104. Crabbea HARV.[6] — Flores fere *Barleriæ*; sepalis 5, angustis subæqualibus. Corollæ tubus tenuis; limbi lobis 5; antico intimo majore. Stamina didynama; antheris muticis, 2-locularibus. Germinis loculi 2-4-ovulati; stylo apice in laminam suborbicularem v. ovatam

1. Rubris v. roseis.

2. Spec. 4, 5. *Bot. Reg.*, t. 309 (*Justicia*). — *Bot. Mag.*, t. 2076 (*Justicia*).

3. *Gen.*, n. 785. — J., *Gen.*, 103. — LAMK, *Ill.*, t. 549. — ENDL., *Gen.*, n. 4061. — NEES, in *DC. Prodr.*, XI, 223. — T. ANDERS., in *Journ. Linn. Soc.*, VII, 14; IX, 489. — B. H., *Gen.*, II, 1091, n. 48. — *Wahabia* FENZL, in *Flora* (1844), 312. — *Crabbea* HARV., *Gen.*, pl. cap., ed. 1, 276. — *Pseudobarleria* ŒRST., in *Vid. Medd. Nat. For. Kjob.* (1854), 135. — *Barlerianthus* ŒRST. — *Barleriosiphon* ŒRST. — *Barleriacanthus* ŒRST. — *Prionitis* ŒRST. — *Dicranacanthus* ŒRST. — *Barlerites* ŒRST., loc. cit., 136, 137. — *Barleriopsis* ŒRST., loc. cit., 133.

4. H. BN, in *Bull. Soc. Linn. Par.*, 837.

5. Spec. ad 80. VAHL, *Symb.*, t. 16. — JACQ. F., *Ecl.*, t. 39. — WIGHT, *Ill.*, t. 164; *Icon.*, 450-454, 870, 1528, 1529. — WALL., *Pl. as. rar.*, t. 82. — BEDD., *Ic. pl. ind. or.*, t. 256-258, 263,

264. — ANDR., *Bot. Rep.*, t. 625. — HOOK., *Icon.*, t. 803. — OLIV., in *Trans. Linn. Soc.*, XXIX, t. 127, 128. — BOJ., *H. maur.*, 258 (*Barreliera*). — THW., *Enum. pl. Zeyl.*, 230. — C.-B. CLKE, in *Hook. f. Fl. brit. Ind.*, IV, 482. — BALF. F., *Bot. Soc.*, 212, t. 67, 68. — BAK. et S. LE M. MOORE, ex *Trim. Journ.* (1877), V. —MIQ., *Fl. ind. bat.*, II, 803; 808 (*Dicranacanthus*), 809 (*Prionitis*). — H. SCHINZ, in *Verh. Bot. Ver. Prov. Brandenb.*, XXXI, 198. — VTKE, in *Abh. Nat. Ver. Brem.*, IX, 132. — ENGL., *Bot. Jahrb.*, X, 70. — BAK., in *Journ. Linn. Soc.*, XXII, 510. — BOISS., *Fl. or.*, IV, 523. — HEMSL., *Bot. centr.-amer.*, II, 509. — LODD., *Bot. Cab.*, t. 360. — *Bot. Reg.*, t. 1483. — *Bot. Mag.*, t. 1615, 5628, 5866. — WALP., *Ann.*, III, 219; V, 652.

6. In *Hook. Lond. Journ.*, I, 96 (non *Fl. cap.*, ed. 1). — NEES, in *DC. Prodr.*, XI, 162. — T. ANDERS., in *Journ. Linn. Soc.*, VII, 32. — B. H., *Gen.*, II, 1092, n. 49.

cavam dilatato. — Herbæ nanæ procumbentes, nunc suffrutescentes, glabræ v. varie indutæ; foliis integris; floribus dense cymosis; cymis capituliformibus, bracteis spinoso-ciliatis v. raro integris involucratis. (*Africa trop. et austr.*[1])

105. **Neuracanthus** NEES[2]. — Sepala 5, in labia 2 plus minus alte connata; labio antico 2-mero. Corollæ tubus parum apice ampliatus; limbo plicato expanso, 2-labiato; labio postico subextimo 2-mero. Stamina didynama tubo affixa inclusa; filamentis brevibus; anteriorum loculis ovoideis parum inæqualibus; altero paulo majore ciliato; posticorum autem loculo fertili 1; altero subclavato casso nunc subnullo. Germinis loculi 2-4-ovulati. Stylus apice dilatato sublanceolatus. Capsula prope basin oligosperma; seminibus adscendentibus compressis; retinaculo crassiusculo. — Herbæ v. suffrutices, nunc scabri; foliis integris; spicis forma variis axillaribus v. sæpius spurie terminalibus; bracteis imbricatis, 3- ∞ - nerviis, 1-floris; bracteolis 0. (*India*, *Africa trop.*, *Madagascaria*[3].)

106. **Glossochilus** NEES[4]. — « Calycis segmenta 5, subæqualia angusta. Corollæ tubus fere a basi ampliatus; limbi lobis 5, parum inæqualibus. Stamina didynama; antherarum loculis subæqualibus. — Suffrutex humilis diffusus; floribus ad axillas foliorum superiorum solitariis ebracteatis. (*Africa austr.*[5]) »

107. **Thomandersia** H. BN[6]. — Calycis lobi 5, ovato-3-angulares. Corollæ tubus declinatus; limbi imbricati lobis antico longiore posticisque 2 extimis. Stamina didynama; antherarum loculis oblongis parallelis muticis. Germen basi carnosulum; loculis 2, 2-ovulatis; stylo apice obtuso. Capsula indurata crassa; seminibus 1, 2, rugosis, retinaculo incurvo fultis. — Frutex glaber; foliis integris disparibus; floribus[7] in racemum terminalem v. mox lateralem dispositis, ebracteolatis. (*Africa trop. occ.*[8])

---

1. Spec. ad 5. HARV., *Thes. cap.*, t. 64.
2. In *Wall. Pl. as. rar.*, III, 76; in *DC. Prodr.*, XI, 248. — T. ANDERS., in *Journ. Linn. Soc.*, IX, 494. — B. H., *Gen.*, II, 1093, n. 51. — H. BN, in *Bull. Soc. Linn. Par.*, 835.
3. Spec. 5. WIGHT, *Icon.*, t. 1531, 1532. — HOOK., *Icon.*, t. 835. — C.-B. CLKE, in *Hook. f. Fl. brit. Ind.*, IV, 490. — BALF. F., *Bot. Soc.*, 215, t. 69. — MIQ., *Fl. ind. bat.*, II, 811. — WALP., *Ann.*, III, 220.

4. In *DC. Prodr.*, XI, 83. — B. H., *Gen.*, II, 1092, n. 50.
5. Spec. 1. *G. Burchellii* NEES.
6. *Scytanthus* T. ANDERS., ex B. H., *Gen.*, II, 1093, n. 52 (nec *Skytanthus* MEYEN). Nomen inde haud mutare nequimus.
7. Rubris, parvis.
8. Spec. 1. *T. laurifolia.* — *Scytanthus laurifolius* T. ANDERS. — BENTH., in *Hook. Icon.*, t. 1209.

108. Barleriola ŒRST.[1] — Flores fere *Barleriæ;* sepalis linearibus 4; postico latiore. Stamina 4; antheris anticorum 2-locularibus;
posticorum autem 1-locularibus. Stylus apice dilatato sub-2-lobus.
Fructus a basi 2-locularis. — Fruticuli ramosi; spinis sæpe axillaribus 1 v. divaricatis 2; floribus axillaribus solitariis v. paucis subsessilibus; bracteolis subulatis haud involucrantibus. (*Antillæ, Brasilia*[2].)

109. Lophostachys POHL.[3] — Sepala valde inæqualia : posticum
maximum; lateralia angusta v. linearia; anticum postico minus,
2-lobum. Corolla 2-labiata; labio postico breviter 2-fido. Stamina
2-dynama; antheris anticorum 2-locularibus; posticorum 1-loculari-
bus v. abortivis. Discus cupularis. Germinis loculi 2-ovulati. Stylus
apice subclavato subinteger. Capsula teres v. compressiuscula; seminibus 1-4, retinaculis acutis fultis. — Herbæ v. suffrutices erecti;
spicis densis secundis; floribus a bracteis haud involucrantibus
1-lateraliter imbricatis aversis. (*Brasilia*[4].)

110. Crossandra SALISB.[5] — Flores fere *Justiciæ;* sepalo antico
2-fido; postico simplici oblongo; lateralibus angustis. Corollæ limbus
obliquus; lobis posticis sæpe alte connatis; lateralibus 2, linearibus
intimis. Stamina didynama; antheris 1-locularibus. — Frutices v.
suffrutices; foliis oppositis; spicis terminalibus v. spurie axillaribus
densis; bracteis 4-fariam imbricatis. (*India, Africa trop., Madagascaria*[6].)

111. Pseudoblepharis H. BN[7]. — Sepala 5, scariosa; postico
majore. Corolla 2-labiata, imbricata. Stamina didynama, fauci affixa;
antheris muticis, 1-locularibus. Discus crassus. Germen 2-loculare;
loculis 2-ovulatis; stylo basi dilatata germen coronante, apice arcuato
cavo et minute 2-labiato. — Frutex; foliis oppositis breviter lanceo-

1. In *Vid. Medd. Nat. For. Kjob.* (1854), 136.
— B. H., *Gen.*, II, 1093, n. 53.
2. Spec. 2, 3. NEES, in *DC. Prodr.*, XI, 242
(*Barleria* sect. B). — GRISEB., *Cat. pl. cub.*,
195 (*Barleria*). Genus *Lophostachydi* quam
maxime affine.
3. *Pl. bras. Icon.*, II, 93, t. 161, 162. —
NEES, in *DC. Prodr.*, XI, 244. — B. H., *Gen.*,
II, 1094, n. 54.
4. Spec. ad 10.
5. *Par. lond.*, t. 12. — NEES, in *DC. Prodr.*,

XI, 280. — T. ANDERS., in *Journ. Linn. Soc.*,
VII, 33; IX, 494. — B. H., *Gen.*, II, 1094,
n. 55. — *Harrachia* JACQ. F., *Ecl.*, I, 33, t. 21.
— *Polythrix* NEES, in *DC. Prodr.*, XI, 285.
6. Spec. 5, 6. WIGHT, *Icon.*, t. 460, 461. —
ANDR., *Bot. Rep.*, t. 542 (*Ruellia*). — OLIV., in
Trans. Linn. Soc., XXIX, t. 85. — THW., *Enum.
pl. Zeyl.*, 231. — C.-B. CLKE, in *Hook. f. Fl.
brit. Ind.*, IV, 492. — *Bot. Reg.*, t. 69. — *Bot.
Mag.*, t. 4710, 6346. — WALP., *Ann.*, V, 655.
7. In *Bull. Soc. Linn. Par.*, 836.

latis glabris petiolatis; cymis in racemos breves ligno ramorum insertos dispositis; bracteolis lateralibus sepalis similibus[1]. (*Africa trop. or.*[2])

112. Eranthemum L.[3] — Flores plus minus irregulares; sepalis 5, liberis v. basi connatis angustis. Corollæ tubus tenuiter cylindraceus, apice vix ampliatus; limbi patentis lobis 5, subplanis; antico extimo majore; posticis autem minoribus intimis. Stamina antica fertilia 2, sub fauce affixa; antherarum loculis 2, parallelis discretis, muticis v. inferne mucronulatis semiexsertis, introrsum rimosis. Discus continuus. Germen 2-loculare; stylo apice acutato v. minute 2-lobo; ovulis in loculis 2, adscendentibus superpositis. Capsula basi longe stipitata; seminibus 1-4, retinaculis acutis fultis, lævibus v. rugosis. — Frutices v. suffrutices; foliis integris v. dentatis; floribus[4] cymosis, sæpius 3-nis; cymis axillaribus v. sæpius in spicas varias simplices v. compositas dispositis, 2-bracteolatis. (*Africa, Asia, Oceania et America calid.*[5])

113? Anthacanthus NEES[6]. — Flores *Eranthemi*[7]; corollæ tubo breviore, recto v. arcuato. Fruticuli[8], ramis axillaribus spinescentibus armati; foliis oppositis parvis integris; floribus axillaribus solitariis breviter pedunculatis. (*Antillæ*[9].)

114. Codonacanthus NEES[10]. — Flores fere *Eranthemi;* corollæ tubo brevi incurvo; limbo subcampanulato. Stamina fertilia 2; antherarum loculis parallelis distinctis muticis. Staminodia 2. Germinis loculi 2-ovulati. Stylus capitatus. — Herbæ erectæ v. scandentes gla-

1. Gen. *Justicieas* cum *Acantheis* connectens.
2. Spec. 1. *P. Boivini* H. BN.
3. *Gen.*, n. 23 (part.). — ENDL., *Gen.*, n. 4087. — NEES, in *DC. Prodr.*, XI, 445 (part.). — T. ANDERS., in *Journ. Linn. Soc.*, VII, 51; IX, 523. — B. H., *Gen.*, II, 1097, n. 62. — *Pseuderanthemum* RDLKF., in *Sitzb. K. baier. Akad.* (1883), 232.
4. Albis, lilacinis v. rubris.
5. Spec. ad 30. WALL., *Pl. as. rar.*, t. 21, 92. — MIQ., *Fl. ind. bat.*, II, 834. — NEES, in *Mart. Fl. bras.*, IX, 155, t. 29. — ANDR., *Bot. Rep.*, t. 643. — THW., *En. pl. Zeyl.*, 235. — C.-B. CLKE, in *Hook. f. Fl. brit. Ind.*, IV, 497. — BENTH., *Fl. austral.*, IV, 554. — OERST., in *Vid. Medd. Nat. For. Kjob.* (1854), 166. —

GRISEB., *Fl. brit. W.-Ind.*, 457. — HEMSL., *Bot. centr.-amer.*, II, 511. — REG., *Gartenfl.*, t. 174, 535, 536. — *Bot. Reg.*, t. 879, 1494. — *Bot. Mag.*, t. 1423, 4225, 5405, 5467, 5711, 5771, 5921, 5957, 6300, 6181, 6701. — WALP., *Ann.*, III, 226; V, 664.
6. In *DC. Prodr.*, XI, 460. — B. H., *Gen.*, II, 1097, n. 63.
7. Cujus potius sectio ?
8. *Barleriolæ* habitu.
9. Spec. 7, 8. JACQ., *St. amer.*, t. 2, fig. 1 (*Justicia*). — GRISEB., *Fl. brit. W.-Ind.*, 457; *Cat. pl. cub.*, 197.
10. In *DC. Prodr.*, XI, 103. —T. ANDERS., in *Journ. Linn. Soc.*, IX, 524. — B. H., *Gen.*, II, 1098, n. 64.

bræ; foliis integris membranaceis; floribus[1] in racemos simplices v. ramosos dispositis; pedicellis brevibus subsecundis. (*China, Khasia*[2].)

115. **Cystacanthus** T. ANDERS.[3] — Calyx gamophyllus (*Meninia*[4]) v. 5-partitus; foliolis subæqualibus. Corollæ antice ventricosæ lobi 5, parum inæquales; æstivatione vexillaria. Stamina 2, antica; filamentis basi geniculata barbatis; antherarum loculis parallelis æqualibus muticis. Discus crassus. Ovula in loculis 4-8. Capsula linearis, basi vix contracta. — Herbæ erectæ; foliis integris; floribus[5] in racemos terminales compositos dispositis, nunc laxius subsecundis; bracteolis 2. (*Asia trop. austro-or.*[6])

116? **Sebastiano-Schaueria** NEES[7]. — Sepala 5, subæqualia. Corollæ tubus cylindraceus; limbi lobis 5 v. 4; postico nunc emarginato; antico extimo. Stamina 2; antheris 1-locularibus sub medio dorsifixis, demum leviter contortis. Stylus apice obtuso leviter incrassatus. Fructus compressus. Semina tuberculata. — Herba glabra; caule ad nodos crassiusculo; foliis integris v. leviter crenatis; spicis terminalibus glomeruligeris; bracteolis subulatis calyce brevioribus[8]. (*Brasilia*[9].)

117. **Asystasia** BL.[10] — Calycis lobi 5, lineares v. lanceolati. Corollæ tubus longus v. brevis tenuis; fauce longe ampliata v. campanulata; limbi patentis lobis 5, imbricatis: posticis 2, interioribus; antico lateralibus exteriore. Stamina didynama inclusa; posticis raro ad staminodia reductis; antherarum loculis parallellis, æqui- v. inæqui-altis, basi muticis v. mucronatis. Discus cupularis v. annularis. Stylus apice capitellatus, obtusus v. breviter 2-lobus. Ovula in loculis 2. Fructus longe solideque stipitatus; seminibus 1-4, plano-com-

---

1. Albis v. lilacinis.
2. Spec. 2. C.-B. CLKE, in *Hook. f. Fl. brit. Ind.*, IV, 500.
3. In *Journ. Linn. Soc.*, IX, 457. — B. H., *Gen.*, II, 1098, n. 66.
4. FUA, ex *Bot. Mag.*, t. 6043.
5. In *Meninia* purpuratis.
6. Spec. 4, 5. KURZ, in *Flora* (1870), 374 (*Phlogacanthus*); FOR. *Fl.*, II, 246 (*Phlogacanthus*). — C.-B. CLKE, in *Hook. f. Fl. brit. Ind.*, IV, 513.
7. In *Mart. Fl. bras.*, IX, 158; in *DC. Prodr.*, XI, 313. — B. H., *Gen.*, II, 1098, n. 65.
8. Genus vix hujus loci, hinc *Eranthemo*,

inde potius *Hansteiniæ* et *Raziseæ* proximum.
9. Spec. 1. *S. oblongata* NEES.
10. *Bijdr.*, 796. — ENDL., *Gen.*, n. 4057. — NEES, in *DC. Prodr.*, XI, 163. — T. ANDERS., in *Journ. Linn. Soc.*, VII, 52; IX, 524. — B. H., *Gen.*, II, 1094, n. 56. — *Henfreya* LINDL., *Bot. Reg.* (1847), t. 31. — *Mackaya* HARV., *Thes. cap.*, I, 8, t. 13. — *Dicentranthera* T. ANDERS., in *Journ. Linn. Soc.*, VII, 52. — ?*Isochoriste* MIQ., *Fl. ind. bat.*, II, 822. — B. H., *Gen.*, II, 1102, n. 74. — *Filetia* MIQ., *loc. cit.* — B. H., *Gen.*, II, 1101, n. 73 (corolla imbricata; antherarum 4 loculis inæqui-altis; disco annulari; bracteis angustis).

pressis. — Herbæ, nunc suffrutescentes v. frutescentes, erectæ, procumbentes v. subscandentes ; foliis oppositis integris membranaceis ; floribus[1] ad axillas bractearum oppositarum solitariis v. glomerulatis ; cymis nunc in racemum terminalem compositum dispositis, sæpe 1-lateralibus ; bracteis per paria dissitis. (*Asia, Oceania et Africa trop., Madagascaria*[2].)

118. Chamæranthemum NEES[3]. — Flores *Asystasiæ;* corollæ tubo tenui elongato, apice subæquali. Stamina didynama ; antheris anticis 2-locularibus ; posticis autem 1, 2-locularibus. Capsula oblonga, basi in stipitem angustata. — Herbæ parum ramosæ ; foliis integris[4] ; spicis terminalibus ; floribus ad bracteas oppositas solitariis. (*Brasilia*[5].)

119. Berginia HARV.[6] — Sepala 5, lineari-lanceolata rigida. Corollæ tubus brevis ; limbo 2-labiato ; labio antico patente ; postico autem erecto. Stamina didynama subinclusa ; antheris oblongis muticis, 1-locularibus. Discus inconspicuus. Germinis loculi 2–ovulati ; stylo gracili, apice subinfundibulari. Fructus ovato-oblongus compressus, basi vix contractus ; seminibus ovatis compressis rugosis ; retinaculis brevibus. — Fruticulus (albicans) ; ramis virgatis ; foliis lineari-lanceolatis sessilibus rigidis integris ; superioribus in bracteas abeuntibus ; floribus in axilla bractearum solitariis sessilibus, in spicam terminalem basi foliatam dispositis. (*California*[7].)

120. Parasystasia H. BN. — Flores fere *Petalidii;* sepalis 5, subulatis, basi connatis. Corolla 2-labiata imbricata. Stamina 4, didynama ; antherarum loculis inferne cuspidatis. Ovula in loculis 2. Stylus apice stigmatoso hinc capitellatus, obtuse 2-lobus. Discus cupularis crassus, lateraliter 2-lobus. Fructus *Justiciæ;* seminibus

1. Albis, cæruleis v. violaceis.
2. Spec. ad 20. WIGHT, *Icon.*, t. 1506. — BEDD., *Ic. pl. ind. or.*, t. 178. — THW., *En. pl. Zeyl.*, 235. — C.-B. CLKE, in *Hook. f. Fl. brit. Ind.*, IV, 492. — BALF. F., *Bot. Soc.*, 216. — MIQ., *Fl. ind. bat.*, II, 792. — VTKE, in *Abh. Nat. Ver. Brem.*, IX, 132. — HARV., *Thes. cap.*, t. 13 (*Mackaya*). — *Bot. Mag.*, t. 4248, 4449; 5062 (*Thyrsacanthus*), 5696 (*Dicentranthera*), 5797 (*Mackaya*), 5882. — WALP., *Ann.*, III, 216; V, 650.
3. In *Mart. Fl. bras.*, IX, 154, t. 28; in *DC.*

Prodr., XI, 459. — ENDL., *Gen.*, n. 4088. — B. H., *Gen.*, II, 1095, n. 57.
4. Nunc pictis.
5. Spec. 2, 3. REG., *Gartenfl.*, t. 598. — *Fl. serr.*, t. 1722 (*Eranthemum*). — *Bot. Mag.*, t. 5557.
6. B. H., *Gen.*, II, 1096, n. 61.
7. Spec. 1. *B. virgata* HARV. — *Pringleophylum lanceolatum* A. GRAY, in *Proc. Amer. Acad.*, XX, 292, « vix a *B. virgata* specifice distinguenda », ex T.-S.-BRANDEG., in *Proc. Calif. Acad.*, ser. 2, II, 195.

orbiculari-reniformibus compressis verrucosis. — Folia opposita glabra; floribus in spicas terminales dispositis; bracteolis sub flore quoque 2, lanceolatis membranaceis herbaceis. (*Somalia*[1].)

121. **Neriacanthus** BENTH.[2] — Sepala 5, lineari-lanceolata, basi plus minus connata. Corollæ tubus tenuis; limbi late explanati lobis 5, subæqualibus imbricatis. Stamina didynama; antheris 1-locularibus. Germinis loculi 2-ovulati; stylo apice incrassato integro. — Frutex subglaber; foliis oppositis oblongo-obovatis obtusis integris; floribus[3] spicatis in axillis bractearum foliacearum 3-5-nervium imbricatarum solitariis. (*Jamaica*[4].)

122. **Stenandrium** NEES[5]. — Sepala 5, angusta acuta, ima basi connata. Corollæ tubus cylindraceus tenuis; limbus obliquus patens; lobis 5, obtusis; posticis intimis nunc altius connatis. Stamina didynama, tubo inclusa; filamentis brevibus; antheris muticis v. apice barbellatis, 1-locularibus. Stylus apice 2-lobulatus. Germinis loculi 2-ovulati. Capsula subteres. Semina compressa 1-4, plus minus muricata; retinaculis longiusculis. — Herbæ brevicaules; foliis basilaribus v. confertis integris; floribus spicatis in axillis bractearum ovatarum v. lanceolatarum solitariis, 2-bracteolatis; spicis pedunculatis. (*America utraque trop. et subtrop.*[6], *Madagascaria*[7].)

123. **Dicliptera** J.[8] — Sepala 5, basi connata, lineari-subulata v. setacea, hyalina v. sicca; postico nunc minore. Corollæ tubus tenuis, nunc valde elongatus; limbi labio postico interiore, integro v. emarginato concavo; antico integro v. breviter 3-lobo; lobo medio extimo. Stamina 2, fauci affixa ; antherarum loculis 2, discretis inæquialte insertis, muticis, v. inferiore nunc breviter appendiculato. Discus cupularis, integer, sinuatus v. dentatus. Germinis loculi 2-ovulati; stylo apice minute 2-dentato v. subintegro. Fructus sessilis v. basi breviter contractus; placentis basi a valvis elastice solutis sursumque

1. Spec. 1. *P. somalensis.* — *Barleria somalensis* FR., *Pl. somal.*, 51 (nullo modo cum *Barleriis* congruens).

2. *Gen.*, II, 1096, n. 60; in *Hook. Icon.*, t. 1200.

3. Lilacinis, majusculis.

4. Spec. 1. *N. Purdieanus* BENTH.

5. In *Lindl. Nat. Syst.*, ed. 2, 444; in *DC. Prodr.*, XI, 281, 727. — B. H., *Gen.*, II, 1095, n. 58.

6. Spec. 15-18. CAV., *Icon.*, t. 585 (*Ruellia*). — NEES, in *Mart. Fl. bras.*, IX, t. 9. — TORR., *Bot. Pop. Exp.*, 12 (168), t. 4. — WALP., *Ann.*, V, 655.

7. E. g. *S. Boivini* H. BN, e Port-Lewen.

8. In *Ann. Mus.*, IX, 267. — ENDL., *Gen.*, n. 4093. — NEES, in *DC. Prodr.*, XI, 474. — B. H., *Gen.*, II, 1120, n. 116. — *Dactylostegium* NEES, in *Mart. Fl. bras.*, IX, 162, t. 31. — *Brochosiphon* NEES, in *DC. Prodr.*, XI, 492.

incurvis. Semina 1-4, compressa, lævia v. rugosa, retinaculo acuto fulta. — Herbæ erectæ v. diffusæ; foliis integris; floribus[1] cymosis subsessilibus; bracteis 2, ovatis v. lanceolatis, basi subconnatis florésque 1-∞ includentibus, nunc spinescentibus[3]. (*America, Asia, Oceania et Africa trop. et subtrop.*[3])

124. Rungia NEES[4]. — Flores *Diclipteræ;* sepalis 5, sæpius hyalinis. Corolla 2-labiata; labio antico 3-fido. Stamina 2; antherarum loculis dissitis; inferiore descendente v. utroque calcarato. Discus varius, sæpe annularis. Germinis loculi 2-ovulati. Capsulæ basi contractæ placentæ a basi elastice solutæ. — Herbæ plerumque diffusæ; foliis integris; floribus[5] spicatis; bracteis 2-fariam imbricatis; bracteolis 2, hyalinis v. membranaceis. (*Asia, Oceania et Africa calid.*[6])

125. Clistax MART.[7] — Flores fere *Diclipteræ;* calyce brevi integro v. sinuato. Corolla[8] 2-labiata; labio postico late galeato integro. Stamina 2; antherarum loculis discretis parallelis muticis parum inæqualibus. Stylus apice leviter incrassato-2-dymus. Capsula a basi 2-locularis, 1-4-sperma. — Frutices; ramulis piloso-lineatis; foliis integris; cymis axillaribus laxe paucifloris; bracteolis 2, ample ovatis florem quemque includentibus. (*Brasilia*[9].)

126? Tetramerium NEES.[10] — Flores fere *Diclipteræ;* corollæ tubo cylindraceo; limbi labio postico oblongo v. obovato, integro

---

1. Rubris, violaceis v. cæruleis.
2. *Diforstera* H. BN, in *Bull. Soc. Linn. Par.*, 839, est generis subgen. cujus typus est *Dianthera clavata* FORST. recte ab A.-L. JUSSIEU ad *Diclipteram* relata.
3. Spec. ad 50. CAV., *Icon.*, III, t. 203 (*Justicia*).—JACQ., *H. vindob.*, III, t. 22 (*Justicia*).—JACQ. F., *Ecl.*, t. 101 (*Justicia*). — WIGHT, *Icon.*, t. 1551, 1552. — NEES, in *Mart. Fl. bras.*, IX, 160, t. 30. — MIQ., *Fl. ind. bat.*, II, 842; in *Ann. Mus. lugd.-bat.*, II, 125. — THW., *Enum. pl. Zeyl.*, 235. — C.-B. CLKE, in *Hook. f. Fl. brit. Ind.*, IV, 550. — BALF. F., *Bot. Soc.*, 227. — FR. et SAV., *En. pl. jap.*, I, 356. — H. SCHINZ, in *Verh. Bot. Ver. Prov. Brandenb.*, XXXI, 204. — BENTH., *Fl. austral.*, IV, 552. — BOISS., *Fl. or.*, IV, 526. — OERST., n *Vid. Medd. Nat. For. Kjob.* (1854), 171. — GRISEB., *Fl. brit. W.-Ind.*, 457. — HEMSL., *Bot. centr.-amer.*, II, 524. — A. GRAY, *Syn. Fl. N.-Amer.*, II, I, 331. — WALP., *Ann.*, III, 227; V, 666.

4. In WALL. *Pl. as. rar.*, III, 77; in *DC. Prodr.*, XI, 469. — T. ANDERS., in *Journ. Linn. Soc.*, VII, 46. — B. H., *Gen.*, II, 1120, n. 115.
5. Parvis v. minutis.
6. Spec. 12, 13. LAMK, *Ill.*, I, t. 13, fig. 3 (*Justicia*). — VAHL, *Symb.*, 16; *Enum.*, I, 154 (*Justicia*). — ROXB., *Pl. corom.*, t. 152, 153 (*Justicia*). — WIGHT, *Icon.*, t. 465, 1547–1550. — BEDD., *Ic. pl. ind. or.*, t. 247, 266. — C.-B. CLKE, in *Hook. f. Fl. brit. Ind.*, IV, 545. — THW., *Enum. pl. Zeyl.*, 234. — MIQ., *Fl. ind. bat.*, II, 839. — WALP., *Ann.*, III, 227.
7. *Nov. gen. et spec.*, III, 26. — NEES, in *DC. Prodr.*, XI, 62. — ENDL., *Gen.*, n. 4102. — B. H., *Gen.*, II, 1120, n. 114. — *Corythacanthus* NEES, in *Lindl. Introd.*, ed. 2, 244.
8. Alba v. rosea, majuscula.
9. Spec. 2.
10. *Sulph. Bot.*, 147, t. 48; in *DC. Prodr.*, XI, 467. — B. H., *Gen.*, II, 1121, n. 117. — *Henrya* NEES, *Sulph. Bot.*, 148, t. 49; in *DC. Prodr.*, XI, 491.

concavo intimo; antici autem 3-partiti lobis patentibus; medio extimo. Cætera *Dicliptera*. — Herbæ pubentes, basi nunc suffrutescentes; foliis integris; inflorescentia spiciformi; axillis foliorum floralium 1-floris, 2-bracteolatis. (*America bor.-austr., centr., Ins. Galapagos*[1].)

127. Hypoestes R. Br.[2] — Flores fere *Diclipteræ;* sepalis 5, angustis, liberis v. basi connatis. Corollæ bilabiatæ tubus tenuis; labio postico integro v. 2-fido; antico 3-fido. Stamina 2; antheris dorsifixis, 1-locularibus. Discus cupularis. Germinis loculi 2-ovulati. Stylus apice integer v. breviter 2-lobus. Fructus cupularis stipitatus; placentis valvis adnatis; seminibus rugosis v. tuberculatis. — Herbæ v. frutices; habitu vario; foliis integris v. dentatis; floribus 1-3, intra bracteas 2 plus minus alte in tubum connatas inclusis; bracteolis interioribus pluribus fertilibus v. sterilibus; cymulis radiatim superpositis v. secus ramos racemi plus minus compositi dispositis. (*Orbis vet. reg. trop. omn.*[3])

128. Peristrophe Nees[4]. — Flores fere *Diclipteræ;* corollæ[5] labio antico integro v. nunc breviter 3-lobo. Stamina 2; antherarum loculis 2, inæqui-altis v. superpositis muticis. Stylus apice obtusus v. subcapitatus. Ovula in loculis 2. Fructus basi contractus; placentis a valvis haud solvendis. — Herbæ erectæ v. subsarmentosæ; foliis integris; cymis laxis v. in racemos compositos dispositis, nunc secus axes dissitis. (*Asia calid., Africa trop. et austr., Madagascaria*[6].)

129. Periestes H. Bn[7]. — Sepala 4, lanceolata (colorata), libera v. basi varie connata. Corolla 2-labiata; lobis 4; postico extimo; antico autem intimo. Stamina 2; antheris 1-locularibus muticis. Discus annularis. Germinis loculi 2-ovulati; stylo apice incurvo inæqui-2-

1. Spec. 5, 6. Nees, in *Seem. Her. Bot.*, 325, t. 68. — Walp., *Ann.*, V, 665.

2. *Prodr.*, 474. — Endl., *Gen.*, n. 4097; *Iconogr.*, t. 105. — Nees, in *DC. Prodr.*, XI, 501. — T. Anders., in *Journ. Linn. Soc.*, VII, 48; IX, 522. — B. H., *Gen.*, II, 1122, n. 119.

3. Spec. ad 50. Vahl, *Symb.*, t. 1 (*Justicia*). — Pal.-Beauv., *Fl. owar. et ben.*, t. 100. — Miq., *Fl. ind. bat.*, II, 850. — Wight, *Icon.*, t. 1555. — Hochst., in *Schimp. It. abyss. un. it.*, n. 400. — C.-B. Clke, in *Hook. f. Fl. brit. Ind.*, IV, 557. — Balf. F., *Bot. Soc.*, 229. — Vtke, in *Abh. Nat. Ver. Brem.*, IX, 133. — Bak., in *Journ. Linn. Soc.*, XX, 222; XXI, 431; XXII, 511. — Benth., *Fl. austral.*, IV,

553. — *Bot. Mag.*, t. 5511, 6221. — Walp., *Ann.*, III, 228.

4. In *Wall. Pl. as. rar.*, III, 112; in *DC. Prodr.*, XI, 492. — T. Anders., in *Journ. Linn. Soc.*, VII, 47; IX, 521. — Endl., *Gen.*, n. 4095. — B. H., *Gen.*, II, 1121, n. 118. — *Ramusia* Nees, in *DC. Prodr.*, XI, 309.

5. Rubræ v. purpureæ.

6. Spec. ad 15. Cav., *Ic.*, t. 71 (*Justicia*). — Wight, *Ic* , t. 1553. — Miq., *Fl. ind. bat.*, II 845. — Maund, *Bot.*, t. 74 (*Justicia*). — C.-B. Clke, in *Hook. f. Fl. brit. Ind.*, IV, 554. — Thw., *Enum. pl. Zeyl.*, 234. — *Bot. Mag.*, t. 2722 (*Justicia*), 5556.

7. In *Bull. Soc. Linn. Par.*, 833.

dentato. — *Frutex glaber gracilis; foliis lanceolatis; cymulis 1-3-floris in cymam terminalem umbelliformem dispositis; cymula quaque 1-para, bracteis 2 magnis ovato-ellipticis flabellato-nervosis membranaceis glabris et bracteolis interioribus alternis 2, angustis, involucrata. (Madagascaria[1].)*

130? — **Lasiocladus** Boj.[2] — « Calyx 5-partitus æqualis in capitulo 1-floro involucro 6-phyllo foliolis ima basi coalitis incluso. Corolla... Stamina... Stigma acutum. Capsula a basi ad medium fere depressa et asperma, hinc 4-sperma. Semina retinaculis uncinatis fulcrata. Inflorescentia glomerato-verticillata v. spicato-capitata. — Frutices; cortice lanuginoso; foliis angustis coriaceis; involucri foliolo dorsali reliquis latiore; 2 inferis deinque 2 lateralibus per gradus angustioribus. (Madagascaria[3].) »

131. **Androgra̅phis** WALL.[4] — Sepala 5, subæqualia linearia. Corollæ tubus tenuis, nunc antice gibbus, superne breviter ampliatus; limbi labiis 2 : postico interiore integro v. 2-lobo; antici autem patentis lobo medio extimo. Stamina 2, antica; antheris conniventibus; loculis 2, aut æqualibus, basi muticis, nunc acutatis, aut inæqualibus; majore inferne barbato. Discus crassus. Stylus apice simplex v. minute 2-lobus. Ovula in loculis 2- ∞. Fructus septo contrarie compressus loculicidus, a basi 2-locularis; seminibus ovoideis v. oblongis; retinaculis lamina lanceolata appendiculatis; embryonis recti v. curvuli cotyledonibus radiculæ subæqualibus crassiusculis. — Herbæ erectæ v. diffusæ, glabræ v. pilosæ; foliis oppositis integris; cymis axillaribus racemiformibus, 1-lateralibus v. in racemum terminalem compositum dispositis. (*Asia trop.*[5])

132. **Haplanthus** NEES[6]. — Flores *Androgra̅phidis*, 2-andri; ovulis in loculo 3-8. — Herbæ erectæ, sæpe villosæ; foliis integris;

1. Spec. 1. *P. Baroni* H. BN.
2. NEES, in *DC. Prodr.*, XI, 510. — B. H., *Gen.*, II, 1122, n. 120.
3. Spec. 2.
4. NEES, in *Wall. Pl. as. rar.*, III, 77; in *DC. Prodr.*, XI, 515. — ENDL., *Gen.*, n. 4101. — B. H., *Gen.*, II, 1099, n. 67. — *Erianthera* NEES, in *Wall. Pl. as. rar.*, III, 77; in *DC. Prodr.*, XI, 514.

5. Spec. ad 20. JACQ. F., *Ecl.*, t. 34 (*Justicia*). — WIGHT, *Icon.*, t. 467, 517, 518, 1557-1561. — BEDD., *Ic. pl. ind. or.*, t. 250 (*Gymnostachya*). — THW., *En. pl. Zeyl.*, 232. — C.-B. CLKE, in *Hook. f. Fl. brit. Ind.*, IV, 501. — WALP., *Ann.*, III, 229; V, 666.
6. In *Wall. Pl. as. rar.*, III, 77; in *DC. Prodr.*, XI, 512. — T. ANDERS., in *Journ. Linn. Soc.*, IX, 503. — B. H., *Gen.*, II, 1099.

floribus 2-natis v. fasciculatis; ramulis abortivis aphyllis rigidis v. superne 2-dentatis intermixtis densosque pseudoverticillos hispidos formantibus. (*India*[1].)

133. **Gymnostachyum** NEES [2]. — Flores fere *Andrographidis* (v. *Justiciæ*); tubo corollæ tenui, apice leviter ampliato. Fructus linearis, teres v. obtuse 4-gonus, fere a basi 2-locularis; seminibus ∞, compressis, retinaculo acuto fultis. — Herbæ erectæ, humiles v. elatæ; foliis basilaribus v. caulinis oppositis; cymis ad axillas subsessilibus v. secus ramos inflorescentiæ terminalis dispositis. (*Asia et Oceania trop.*[3])

134. **Phlogacanthus** NEES [4]. — Calycis segmenta 5, lineari-acuminata. Corollæ tubus longe ampliatus incurvus; limbo imbricato, 2-labiato. Stamina 2, nunc exserta; antheris muticis, 2-locularibus. Staminodia 2. Ovula in loculis 4-∞. Stylus apice obtusus. — Frutices v. herbæ; foliis integris v. subdentatis; cymis in racemos spiciformes terminales longos v. breviores axillares dispositis. (*Asia calid. mont.*[5])

135. **Diotacanthus** BENTH.[6] — Flores fere *Phlogacanthi;* corollæ tubo brevi; limbi labiis elongatis angustis; sinubus inter labia in auriculas exteriores productis. Stamina 2, ad summum tubum affixa; antheris dorsifixis; loculis 2, parallellis muticis. Ovula ∞. — Frutices elati glabri; foliis integris v. obscure crenatis amplis; floribus[7] in cymas laxas axillares pedunculatas v. in racemos terminales composito-cymigeros dispositis; bracteis angustis. (*India mont.*[8])

1. Spec. 3, 4. WIGHT, *Icon.*, t. 1556. — C.-B. CLKE, in *Hook. f. Fl. brit. Ind.*, IV, 506. — WALP., *Ann.*, III, 229.

2. In *Wall. Pl. as. rar.*, III, 76; in *DC. Prodr.*, XI, 93. — T. ANDERS., in *Journ. Linn. Soc.*, IX, 504. — B. H., *Gen.*, II, 1099, n. 69. — *Cryptophragmia* NEES, *ll. cc.*, 76, 94. — ? *Odontostigma* ZOLL., in *Nat. en Gen. Arch.*, II, 573. — MIQ., *Fl. ind. bat.*, II, 780. — *Petracanthus* NEES, in *DC. Prodr.*, XI, 97.

3. Spec. 12-14. WALL., *Pl. as. rar.*, t. 66 (*Justicia*). — WIGHT, *Icon.*, t. 1494, 1525; 1495, 1496 (*Cryptophragmia*). — BEDD., *Ic. pl. ind. or.*, t. 249-255, 265. — C.-B. CLKE, in *Hook. f. Fl. brit. Ind.*, IV, 507. — LODD., *Bot. Cab.*, t. 1791 (*Justicia*). — *Bot. Reg.*, t. 1380 (*Justicia*). — *Bot. Mag.*, t. 4706. — THW., *En. pl.*

Zeyl., 232. — MIQ., *Fl. ind. bat.*, II, 779. — WALP., *Ann.*, III, 212.

4. In *Wall. Pl. as. rar.*, III, 76; in *DC. Prodr.*, XI, 320. — ENDL., *Gen.*, n. 4077. — T. ANDERS., in *Journ. Linn. Soc.*, IX, 506. — B. H., *Gen.*, II, 1100, n. 70. — *Loxanthus* NEES, *ll. cc.*, 76, 322.

5. Spec. 10-12. WALL., *Pl. as. rar.*, t. 28, 112. — LODD., *Bot. Cab.*, t. 1681 (*Justicia*). — C.-B. CLKE, in *Hook. f. Fl. brit. Ind.*, IV, 510. — *Bot. Reg.*, t. 1334, 1340. — *Bot. Mag.*, t. 2845, 3783.

6. *Gen.*, II, 1100, n. 71.

7. Albis v. kermesinis.

8. Spec. 2. BEDD., *Ic. pl. ind. or.*, t. 179, 180 (*Phlogacanthus*). — C.-B. CLKE, in *Hook. f. Fl. brit. Ind.*, IV, 515.

136. Periblema DC.[1] — Sepala 5, lanceolata, basi connata. Corollæ tubus rectus longe ampliatus; limbi lobis 4; lateralibus exterioribus; postico plus minus 2-lobulato. Stamina didynama inclusa; antherarum loculis 2, linearibus discretis parallelis muticis. Discus annularis. Germinis loculi 2-ovulati; stylo gracili, apice oblique infundibuliformi-dilatato. Fructus...? — Frutex; foliis oppositis integris membranaceis; pedunculis axillaribus, 3-floris; flore[2] bracteolis in involucrum campanulatum acute 4-fidum approximatis cincto bracteisque exterioribus 2. (*Madagascaria*[3].)

1. In *Meissn. Gen.*, 301; *Comm.*, 210. — B. H., *Gen.*, II, 1091, n. 46. — H. Bn, in *Bull. Soc. Linn. Par.*, 823. — *Boutonia* DC., *Rev. Bignon.*, 18 (non Boj.).

2. Roseo, majusculo decoro.

3. Spec. 1. *P. cuspidatum* DC. — *Bignonia cuspidata* Boj. Genus seriem cum *Bignoniaceis* nonnihil connectens.

TABLE DES GENRES ET SOUS-GENRES

CONTENUS DANS LE DIXIÈME VOLUME[1]

1. Pour les genres conservés par nous, cette table renvoie toujours à la caractéristique latine du *Genera*. Là le lecteur trouvera un autre renvoi à la page où le genre est, s'il y a lieu, analysé et discuté.

FIN DE LA TABLE DES GENRES ET SOUS-GENRES DU DIXIÈME VOLUME

2096. — Imprimeries réunies, A, rue Mignon, 2, Paris.

HISTOIRE DES PLANTES

MONOGRAPHIE

DES

ASCLÉPIADACÉES

CONVOLVULACÉES, POLÉMONIACÉES

ET

BORAGINACÉES

PAR

H. BAILLON

PROFESSEUR D'HISTOIRE NATURELLE MÉDICALE A LA FACULTÉ DE MÉDECINE DE PARIS

DIRECTEUR DU JARDIN BOTANIQUE DE LA FACULTÉ, PRÉSIDENT DE LA SOCIÉTÉ LINNÉENNE DE PARIS

ILLUSTRÉE DE 145 FIGURES DANS LES TEXTES

DESSINS DE FAGUET

PARIS

LIBRAIRIE HACHETTE ET Cⁱᵉ

BOULEVARD SAINT-GERMAIN, 79

LONDRES, 18, KING WILLIAM STREET, STRAND

1890

Librairie **HACHETTE** et Cie, boulevard Saint-Germain, 79, à Paris.

HISTOIRE DES PLANTES

PAR M. H. BAILLON

Chaque monographie se vend séparément.

Sous presse : *Monographie des Acanthacées.*

20162. — Imprimeries réunies, **A**, rue Mignon, 2, Paris. — MAY et MOTTEROZ, directeurs.

HISTOIRE DES PLANTES

MONOGRAPHIE

DES

ACANTHACÉES

PAR

H. BAILLON

PROFESSEUR L'HISTOIRE NATURELLE MÉDICALE A LA FACULTÉ DE MÉDECINE DE PARIS

DIRECTEUR DU JARDIN BOTANIQUE DE LA FACULTÉ, PRÉSIDENT DE LA SOCIÉTÉ LINNÉENNE DE PARIS

ILLUSTRÉE DE 34 FIGURES DANS LES TEXTES

DESSINS DE FAGUET

PARIS

LIBRAIRIE HACHETTE et CIE

BOULEVARD SAINT-GERMAIN, 79

LONDRES, 18, KING WILLIAM STREET, STRAND

1891

Librairie HACHETTE et Cⁱᵉ, boulevard Saint-Germain, 79, à Paris.

HISTOIRE DES PLANTES

PAR M. H. BAILLON

Chaque monographie se vend séparément.

Sous presse : *Monographie des Labiées et des Verbénacées.*

2096. — Imprimeries réunies, A, rue Mignon, 2, Paris.

Librairie HACHETTE et Cie, boulevard Saint-Germain, 79, à Paris.

HISTOIRE DES PLANTES

PAR M. H. BAILLON

Chaque monographie se vend séparément.

Sous presse : *Monographie des Asclépiadacées.*

16550. — Imprimeries réunies, A, rue Mignon, 2, Paris.

Librairie HACHETTE et Cⁱᵉ, boulevard Saint-Germain, 79, à Paris.

HISTOIRE DES PLANTES

PAR M. H. BAILLON

Chaque monographie se vend séparément.

Sous presse : *Monographie des Gentianacées et des Apocynacées.*

13727. — Imprimeries réunies, A, rue Mignon, 2, Paris.

HISTOIRE DES PLANTES

MONOGRAPHIE

DES

BIGNONIACÉES

ET

GESNÉRIACÉES

PAR

H. BAILLON

PROFESSEUR D'HISTOIRE NATURELLE MÉDICALE A LA FACULTÉ DE MÉDECINE DE PARIS

DIRECTEUR DU JARDIN BOTANIQUE DE LA FACULTÉ, PRÉSIDENT DE LA SOCIÉTÉ LINNÉENNE DE PARIS

ILLUSTRÉ DE 87 FIGURES DANS LES TEXTES

DESSINS DE FAGUET

PARIS

LIBRAIRIE HACHETTE & Cie

BOULEVARD SAINT-GERMAIN, 79

LONDRES: 18, KING WILLIAM STREET, STRAND

1888

www.ingramcontent.com/pod-product-compliance
Lightning Source LLC
Chambersburg PA
CBHW050559210326
41521CB00008B/1037